高等院校职业技能实训规划教材

草图大师 SketchUp2016 效果表现与制作案例 技能实训教程

刘　涛　单立娟　编著

清华大学出版社
北　京

内 容 简 介

本书以实操案例为单元,以知识详解为陪衬,从 SketchUp 最基本的应用知识讲起,全面细致地对建筑及与景观的制作方法和设计技巧进行了介绍。全书共 8 章,依次介绍了漫画场景效果的制作、树池模型的制作、山坡上的小屋场景制作、花盆效果的制作、居室轴测模型的创建、冬日别墅场景的制作以及住宅小区场景的制作。理论知识涉及 SketchUp 基础知识及操作、绘图环境的设置、显示风格与光影效果的设置、绘图工具与编辑工具的应用、沙盒工具的应用、材质与贴图的应用、导入与导出功能等内容。每章最后还安排了针对性的项目练习,以供读者练手。

全书结构合理,用语通俗,图文并茂,易教易学,既适合作为高职高专院校和应用型本科院校计算机辅助设计,及艺术设计相关专业的教材,又适合作为广大设计爱好者的参考用书。

本书封面贴有清华大学出版社防伪标签,无标签者不得销售。
版权所有,侵权必究。举报:010-62782989,beiqinquan@tup.tsinghua.edu.cn。

图书在版编目(CIP)数据

草图大师SketchUp 2016效果表现与制作案例技能实训教程 / 刘涛,单立娟编著. —北京:清华大学出版社,2018 (2021.12重印)
高等院校职业技能实训规划教材
ISBN 978-7-302-51016-1

Ⅰ. ①草… Ⅱ. ①刘… ②单… Ⅲ. ①建筑设计—计算机辅助设计—应用软件—高等学校—教材 Ⅳ. ①TU201.4

中国版本图书馆CIP数据核字(2018)第192112号

责任编辑:陈冬梅
封面设计:杨玉兰
责任校对:周剑云
责任印制:宋 林

出版发行:清华大学出版社
　　网　　址:http://www.tup.com.cn,http://www.wqbook.com
　　地　　址:北京清华大学学研大厦A座　　　邮　　编:100084
　　社 总 机:010-62770175　　　　　　　　　邮　　购:010-62786544
　　投稿与读者服务:010-62776969,c-service@tup.tsinghua.edu.cn
　　质量反馈:010-62772015,zhiliang@tup.tsinghua.edu.cn
印 装 者:涿州汇美亿浓印刷有限公司
经　　销:全国新华书店
开　　本:185mm×260mm　　印　张:16.75　　字　数:266千字
版　　次:2018年10月第1版　　　印　次:2021年12月第6次印刷
定　　价:69.00元

产品编号:080286-01

FOREWORD
前 言

　　SketchUp是一款直接面向设计方案创作过程的设计工具，其创作过程不仅能够充分表达设计师的思想，而且完全能够满足与客户即时交流的需要，使得设计师可以直接在计算机上进行十分直观的构思，是三维建筑设计方案创作的优秀工具。为了满足新形势下的教育需求，我们组织了一批富有经验的设计师和高校教师，共同策划编写了本书，以让读者能够更好的掌握建模及设计技能，更好的提升动手能力，更好的与社会相关行业接轨。

　　本书以SketchUp 2016版本为写作平台，以实操案例为单元，以知识详解为陪衬，先后对各类室内设计图纸的绘制方法、操作技巧、理论支撑、知识阐述等内容进行了介绍，全书分为8章，其主要内容如下：

章节	作品名称	知识体系
第01章	自定义工具栏	SketchUp软件的概述、绘图环境的设置、鼠标在SketchUp中的应用知识等
第02章	制作漫画场景效果	视图操作、对象的选择、对象的显示风格及样式、光影的应用以及面的操作等知识
第03章	制作树池模型	绘图工具的应用、编辑工具的应用、建筑施工工具的应用等知识
第04章	制作山坡上的小屋场景	组工具的应用、沙盒工具的应用、图层工具的应用、实体工具的应用、镜头工具的应用以及"照片匹配"功能的应用等知识
第05章	制作漂亮的花盆效果	主要讲解了SketchUp材质与贴图的应用等知识
第06章	制作居室轴测模型	主要讲解了SketchUp导入与导出功能以及截面工具的应用等知识
第07章	制作冬日别墅场景	实例介绍了一个冬日别墅场景的创建过程
第08章	制作住宅小区场景	实例介绍了一个住宅小区场景的创建过程

本书结构合理、讲解细致，特色鲜明，内容着眼于专业性和实用性，符合读者的认知规律，也更侧重于综合职业能力与职业素养的培养，集"教、学、练"为一体。本书适合应用型本科、职业院校、培训机构作为教材使用。

本书由刘涛、单立娟编写，参与本书编写的人员还有吴蓓蕾、王赞赞、伏银恋、任海香、李瑞峰、杨继光、周杰、朱艳秋、刘松云、岳喜龙、李霞丽、周婷婷、张静、张晨晨、张素花等。这些老师在长期的工作中积累了大量的经验，在写作的过程中始终坚持严谨细致的态度、力求精益求精。由于时间有限，书中疏漏之处在所难免，希望读者朋友批评指正。

需要获取教学课件、视频、素材的读者可以发送邮件到：619831182@QQ.com 或添加微信公众号：DSSF007，留言申请，制作者会在第一时间将其发至您的邮箱。

编者

致 谢

　　为了令本系列图书尽可能满足读者的需要，许多人付出了辛勤的劳动。在此，向参与本书出版工作的"ACAA 教育集团"和"Autodesk 中国教育管理中心"的领导及老师、米粒儿设计团队成员等，致以诚挚谢意。同时感谢清华大学出版社的所有编审人员为本系列图书的出版所付出的辛勤劳动。本系列图书在编写过程中力求严谨细致，但由于时间和精力有限，书中仍难免出现疏漏和不妥之处，希望各位读者朋友们多多包涵，并批评指正，万分感谢！

　　读者朋友在阅读本系列图书时，如遇与本书有关的技术问题，则可以通过微信号 dssf2016 进行咨询，或者在获取资源的公众平台中留言，我们将在第一时间与您互动解答。

编者

CONTENTS 目录

CHAPTER / 01
创建绘图环境——SketchUp 入门操作详解

- 1.1 初识 SketchUp ········· 5
  - 1.1.1 SketchUp 软件简介 ········· 5
  - 1.1.2 SketchUp 应用领域 ········· 8
- 1.2 SketchUp 2016 的界面 ········· 10
  - 1.2.1 欢迎界面与操作界面 ········· 10
  - 1.2.2 主要工具栏 ········· 13
- 1.3 设置绘图环境 ········· 16
  - 1.3.1 设置场景坐标系 ········· 16
  - 1.3.2 设置场景单位 ········· 18
  - 1.3.3 自定义快捷键 ········· 19
  - 1.3.4 自动保存与备份 ········· 22
  - 1.3.5 设置硬件加速 ········· 24
- 1.4 在 SketchUp 中使用鼠标 ········· 24
  - 1.4.1 使用三键鼠标 ········· 24
  - 1.4.2 使用单键鼠标 ········· 25

CHAPTER / 02
制作场景效果——水印与边线的应用

- 2.1 视图的操作 ········· 32
  - 2.1.1 切换视图 ········· 32
  - 2.1.2 旋转视图 ········· 35
  - 2.1.3 平移视图 ········· 36
  - 2.1.4 缩放视图 ········· 37
- 2.2 对象的选择 ········· 39
  - 2.2.1 一般选择 ········· 39
  - 2.2.2 框选与叉选 ········· 40
  - 2.2.3 扩展选择 ········· 41
- 2.3 对象的显示风格及边线样式 ········· 42

		2.3.1 七种显示模式 ·· 42
		2.3.2 边线的显示效果 ·· 45
		2.3.3 背景与天空 ·· 49

2.4 光影的应用 ·· 51

  2.4.1 设置地理参照 ·· 51
  2.4.2 设置阴影 ·· 52
  2.4.3 雾化效果 ·· 56

2.5 面的操作 ·· 58

  2.5.1 面的概念 ·· 58
  2.5.2 正面与反面的区别 ·· 58
  2.5.3 面的反转 ·· 58

2.6 实体的显示和隐藏 ·· 60

CHAPTER / 03
制作基础模型——绘图工具与编辑工具的应用

3.1 绘图工具 ·· 66

  3.1.1 矩形工具 ·· 66
  3.1.2 直线工具 ·· 70
  3.1.3 圆工具 ··· 74
  3.1.4 圆弧工具 ·· 75
  3.1.5 多边形工具 ··· 78
  3.1.6 手绘线工具 ··· 78

3.2 编辑工具 ·· 78

  3.2.1 移动工具 ·· 79
  3.2.2 旋转工具 ·· 80
  3.2.3 缩放工具 ·· 84
  3.2.4 偏移工具 ·· 86
  3.2.5 推/拉工具 ··· 88
  3.2.6 路径跟随工具 ·· 89

3.3 删除工具 ·· 91

3.4 建筑施工工具 ·· 92

  3.4.1 卷尺工具 ·· 93
  3.4.2 尺寸工具 ·· 94
  3.4.3 量角器工具 ··· 95
  3.4.4 文字工具 ·· 96
  3.4.5 三维文字工具 ·· 98

CHAPTER / 04
制作山地模型——沙盒工具的应用

4.1 组工具 ··· 108

| | 4.1.1 组件工具 | 108 |
| | 4.1.2 群组工具 | 110 |

4.2 沙盒工具 · 113

	4.2.1 根据等高线创建	114
	4.2.2 根据网格创建	115
	4.2.3 曲面起伏	116
	4.2.4 曲面平整	116
	4.2.5 曲面投射	117
	4.2.6 添加细部	119
	4.2.7 对调角线	120

4.3 图层工具 · 121

| | 4.3.1 显示与隐藏图层 | 121 |
| | 4.3.2 增加与删除图层 | 122 |

4.4 实体工具 · 122

	4.4.1 外壳	123
	4.4.2 相交	124
	4.4.3 联合	125
	4.4.4 减去	125
	4.4.5 剪辑	126
	4.4.6 拆分	127

4.5 相机工具 · 127

| | 4.5.1 定位相机与绕轴观察工具 | 127 |
| | 4.5.2 漫游工具 | 128 |

4.6 "照片匹配"功能 · 132

CHAPTER / 05
制作盆栽模型——材质与贴图的应用

5.1 SketchUp 材质 · 143

	5.1.1 默认材质	143
	5.1.2 材质编辑器	143
	5.1.3 材质的创建	146
	5.1.4 颜色的填充	148

5.2 贴图的应用 · 149

	5.2.1 贴图的使用与编辑	149
	5.2.2 贴图坐标的调整	150
	5.2.3 贴图技巧	152

CHAPTER / 06
制作轴测模型——SketchUp 的导入与导出

6.1 SketchUp 的导入功能 · 164

	6.1.1 导入 AutoCAD 文件	164
	6.1.2 导入 3DS 文件	166
	6.1.3 导入二维图像文件	168

6.2 SketchUp 的导出功能 170

	6.2.1 导出 AutoCAD 文件	170
	6.2.2 导出常用三维文件	171
	6.2.3 导出二维图像文件	174
	6.2.4 导出二维剖切文件	175

6.3 截面工具 177

| | 6.3.1 创建剖切面 | 177 |
| | 6.3.2 剖切面常用操作与功能 | 179 |

CHAPTER / 07
制作冬日别墅场景

7.1 制作别墅建筑主体 184

	7.1.1 导入 AutoCAD 文件	184
	7.1.2 制作别墅模型	185
	7.1.3 制作门窗并添加室内家具装饰	196

7.2 制作室外场景模型 199

| | 7.2.1 制作室外墙体及地面造型 | 199 |
| | 7.2.2 制作建筑小品 | 209 |

7.3 场景效果 213

| | 7.3.1 添加背景效果及材质 | 214 |
| | 7.3.2 阴影及整体效果调整 | 219 |

CHAPTER / 08
制作住宅小区场景

8.1 制作多层及高层建筑 222

	8.1.1 导入 AutoCAD 文件	222
	8.1.2 制作住宅楼单体	223
	8.1.3 制作建筑单元入口及顶部	226
	8.1.4 制作高层住宅楼群	230
	8.1.5 添加室外装饰	234

8.2 制作别墅区建筑 236

	8.2.1 制作别墅主体建筑模型	236
	8.2.2 制作栏杆构件	245
	8.2.3 为别墅添加材质	248
	8.2.4 完善别墅区环境	250

8.3 场景效果的制作 253

参考文献 256

CHAPTER 01

创建绘图环境——
SketchUp入门操作详解

本章概述 SUMMARY

SketchUp是一款功能强大且简便易学的绘图工具，也是一款注重设计摸索过程的软件，它融合了铅笔画的优美与自然笔触，可以迅速地建构、显示、编辑三维建筑模型。本章将主要介绍SketchUp软件的应用领域、界面以及绘图环境的设置等。

■ 要点难点

SketchUp软件的应用领域 ★☆☆
SketchUp软件的界面 ★★☆
绘图环境的设置 ★★★

自定义工具栏

跟我学 LEARN WITH ME

■ 自定义工具栏

案例描述：在使用 SketchUp 软件时，工具栏的摆放位置非常重要。在刚开始使用时，用户对每个工具的作用和快捷键都不熟悉，所以把不同的工具摆放在自己喜欢的位置可以方便操作，提高工作效率。

制作过程

01 单击"视图"选项，在弹出的下拉菜单中选择"工具栏"命令，如图 1-1 所示。

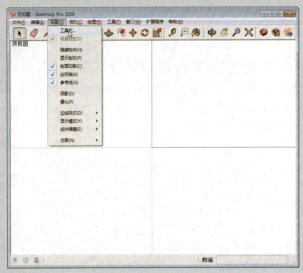

图 1-1　视图菜单

02 打开"工具栏"对话框，在列表框中选择需要的工具栏选项，如图 1-2 所示。

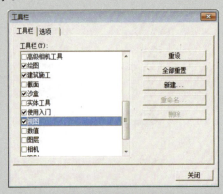

图 1-2　"工具栏"对话框

03 关闭"工具栏"对话框，返回到工作界面，可以看到被调出的工具栏，如图1-3所示。

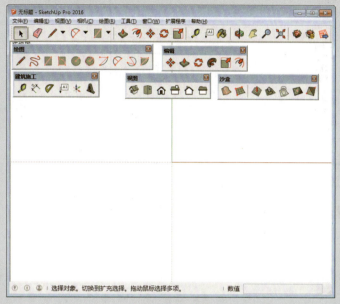

图1-3 调出工具栏

04 再次打开"工具栏"对话框，单击"新建"按钮，如图1-4所示。

05 在弹出的"工具栏名称"输入框中输入"自定义"，单击"确定"按钮，如图1-5所示。

图1-4 单击"新建"按钮

图1-5 自定义工具栏

06 在"工具栏"对话框中自动增加"自定义"选项，在界面中也会增加一个空白的"自定义"工具栏，如图1-6所示。

07 保持"工具栏"对话框为打开状态，调整"自定义"工具栏到合适位置，在左侧工具栏中选择需要的工具，按住鼠标左键，将其拖曳到"自定义"工具栏中，如图1-7所示。

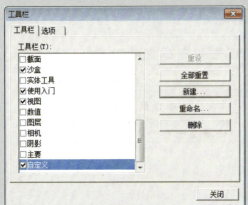
图1-6 新建空白工具栏

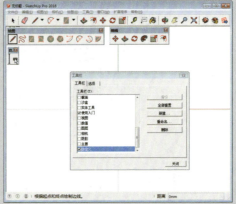
图1-7 拖动工具栏图标

08 继续拖动其他工具到"自定义"工具栏中,完成"自定义"工具栏的制作,同时已拖动至"自定义"工具栏的工具将会从原工具栏中消失,如图1-8所示。

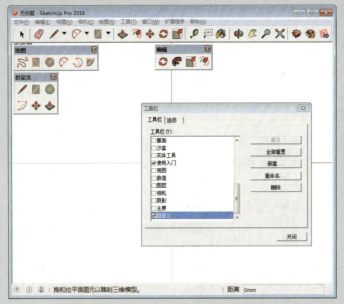
图1-8 完成"自定义"工具栏的创建

> **绘图技巧**
>
> 　　自定义工具栏操作必须在"工具栏"对话框打开的情况才可以进行工具的拖曳。拖曳成功后,原工具栏中的工具将被移除。在"工具栏"对话框中单击"全部重置"按钮,即可恢复原工具栏的布置。

听我讲 LISTEN TO ME

1.1 初识 SketchUp

SketchUp 是一款直接面向设计方案创作过程的设计工具，其创作过程不仅能够充分表达设计师的思想，而且能够完全满足与客户即时交流的需要，它使得设计师可以直接在电脑上进行直观的构思，是三维建筑设计方案创作的优秀工具。

■ 1.1.1 SketchUp 软件简介

SketchUp 由美国 @lastSoftware 公司开发，并于 2006 年被 Google 公司收购。该软件能快速形成建筑草图，创作建筑方案，被建筑师称为最优秀的建筑草图工具，是建筑创作上的一大革命。

SketchUp 是一款相当简便易学的 3D 设计工具，即使不熟悉电脑的建筑师也可以很快掌握它，该软件融合了铅笔画的优美与自然笔触，可以迅速地建构、显示、编辑三维建筑模型，同时可以导出透视图、DWG 或 DXF 格式的 2D 向量文件等尺寸正确的平面图形。这是一套注重设计摸索过程的软件，被世界上所有具规模的 AEC（建筑工程）企业或大学采用。建筑师在方案创作中使用 CAD 带来的繁重的工作量可以被 SketchUp 的简洁、灵活与功能强大所代替，该软件还可以让建筑师更直接、更方便地与业主和甲方进行沟通。同时也适用于装潢设计师和户型设计师。

SketchUp 是一套直接面向设计方案创作过程，而不只是面向渲染成品或施工图纸的设计工具，其创作过程不仅能够充分表达设计师的思想，而且能够完全满足与客户即时交流的需要。其与设计师用手工绘制构思草图的过程很相似，而成品可导入其他着色、后期、渲染软件中，继续创作照片级的商业效果图。

SketchUp 之所以能够快速、全面地被室内设计、建筑设计、园林景观、城市规划等诸多设计领域的设计师接受并推崇，主要有以下几种区别于其他三维软件的特点。

1. 直观多样的显示效果

在使用 SketchUp 进行设计创作时，可以实现"所见即所得"，在设计过程中的任何阶段都可以作为直观的三维成品来观察，甚至可以模拟手绘草图的效果，能够快速切换不同的显示风格，摆脱了传统绘图工作的繁重与枯燥，并可与客户进行更为直接、有效的交流。如图 1-9、图 1-10 所示。

图 1-9 纹理显示效果

图 1-10 消隐模式效果

2. 建模高效快捷

SketchUp 提供了三维的坐标轴，在绘制草图时，只要留意一下跟踪线的颜色，就可以准确定位图形的坐标。

SketchUp "画线成面，推拉成体"的操作方法极为便捷，在软件中不需要频繁地切换视图，就可以直接在三维界面中轻松地绘制出二维图形，然后直接推拉成三维立体模型。另外，还可以通过数值输入框手动输入数值进行建模，以确保模型尺寸的准确。

3. 材质和贴图使用便捷

SketchUp 拥有自己的材质库，用户可以根据需要赋予模型各种材质和贴图，并且能够实时显示出来，从而直观地看到效果。也可以将自定义的材质添加到材质库，便于在以后的设计制作中直接应用，如图 1-11、图 1-12 所示。

材质确定后，可以方便地修改色调，并能够直观地显示修改结果，以避免反复的修改过程。另外，通过调整贴图的颜色，一张贴图也可以改变为不同颜色的材质。

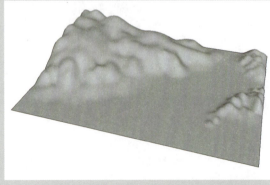
图 1-11 原始模型

图 1-12 赋予材质效果

4. 全面的软件支持与互转

SketchUp 虽然俗称"草图大师",但是其功能远远不局限于方案设计的草图阶段。SketchUp 不但能够在模型的建立上满足建筑制图高精确度的要求,还能完美结合 VRay、Piranesi、Artlantis 等渲染器实现多种风格的表现效果。

此外,SketchUp 与 AutoCAD、3ds max、Revit 等常用设计软件可以进行十分快捷的文件转换互用,满足多个设计领域的需求。

5. 光影分析直观准确

SketchUp 有一套进行光影分析的系统,可设定某一特定城市的经纬度和时间,得到真实的日照效果。投影特性能让用户更准确地把握模型的尺度,控制造型和立面的光影效果。另外,还可用于评估一幢建筑的各项日照技术指标,如在居住区设计过程中分析建筑日照间距是否满足规范要求,如图 1-13、图 1-14 所示。

图 1-13　10 月 13 日上午

图 1-14　10 月 13 日傍晚

1.1.2 SketchUp 应用领域

SketchUp 的适用范围广泛，可应用于室内建筑设计、城市规划设计、园林景观设计，以及工业设计等领域。

1. 在室内设计中的应用

室内设计的宗旨是创造满足人们物质生活和精神生活需要的室内环境，包括视觉环境和工程技术方面等问题。设计的整体风格和细节装饰在很大程度上受业主的喜好和性格特征的影响，但传统二维室内设计表现让很多业主无法理解设计师的设计理念，3ds max 等三维室内效果图又不能灵活地对设计进行改动，而 SketchUp 能够在已知的户型图基础上快速建立三维模型，快捷地添加门窗、家具、电器等组件，并附上地板和墙面的材质贴图，直观地向业主显示出室内效果，如图 1-15 所示为利用 SketchUp 创建的室内场景效果。

图 1-15　室内场景效果

2. 在园林景观设计中的应用

SketchUp 操作灵活，在构建地形高差等方面可以生成直观的效果，而且拥有丰富的景观素材库和强大的贴图材质功能，并且 SketchUp 图样的风格非常适合景观设计表现，如图 1-16 所示为结合 SketchUp 制作的园林景观场景效果。

3. 在建筑设计中的应用

SketchUp 在建筑设计中的应用较为广泛，从前期现状场地的构建，到建筑大概形体的确定，再到建筑造型及立面设计，SketchUp 都以其直观、快捷的优点逐渐取代其他三维建模软件，成为建筑师在方案设计阶段的首选软件。另外，在建筑内部空间推敲、光影及日照间距分析、建筑色彩及质感分析、方案的动态分析及对比分析等方面，SketchUp 都有方便、快捷的直观显示，如图 1-17 所示为 SketchUp 创建的建筑场景效果。

图 1-16　园林景观场景效果

图 1-17　建筑场景效果

4. 在城市规划设计中的应用

　　SketchUp 在规划行业以其直观、便捷的优点深受规划设计师的喜爱，不管是宏观的城市空间，还是较小、较详细的规划设计，SketchUp 辅助建模及分析功能都大大解放了设计师，提高了规划编制的科学性与合理性。目前，SketchUp 被广泛应用于控制性详细规划、城市设计、修建性详细设计以及概念性规划等不同规划类型的项目中，如图 1-18 所示为结合 SketchUp 构建的城市规划场景效果。

图 1-18　城市规划场景效果

1.2　SketchUp 2016 的界面

SketchUp 以简易明快的操作风格在三维设计软件中占有一席之地，其界面非常简洁，初学者很容易上手。

■ 1.2.1　欢迎界面与操作界面

下面来认识一下 SketchUp 的欢迎界面与操作界面。软件安装完成后，启动 SketchUp 应用程序，首先出现的是 SketchUp 2016 的欢迎界面的"学习"界面，如图 1-19 所示。

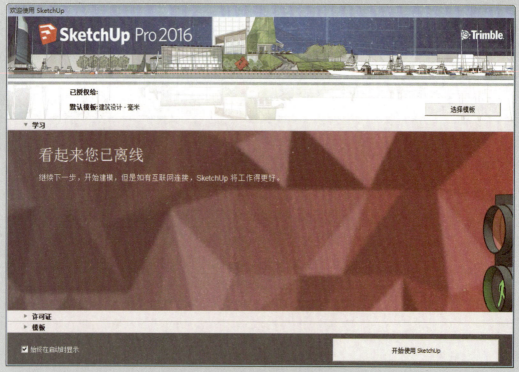

图 1-19　欢迎界面

SketchUp 中有很多模板可以选择，如图 1-20 所示。使用者可以根据需求选择相对应的模板进行设计建模。选择好合适的模板后，单击"开始使用 SketchUp"图形按钮，就可以开始使用了。

SketchUp 2016 的设计宗旨是简单易用，其默认操作界面也十分简洁，主要由标题栏、菜单栏、工具栏、状态栏、数值控制栏以及中间的绘图区构成，如图 1-21 所示。

创建绘图环境——SketchUp 入门操作详解

图 1-20 模板选择

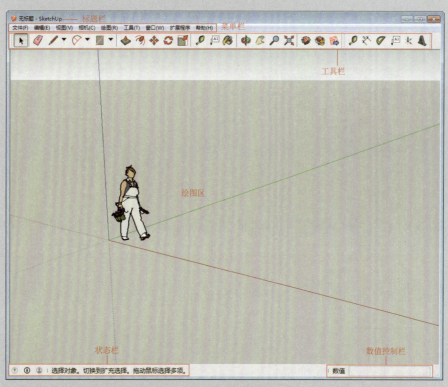

图 1-21 操作界面

1. 标题栏

标题栏位于绘图窗口的顶部，包括右边的标准窗口控制按钮（关闭、最小化、最大化）和窗口所打开的文件名。标题栏中当前打开的文件名为"无标题"时，系统将显示空白的绘图区，表示尚未保存作业。

2. 菜单栏

菜单栏显示在标题栏下方，提供了大部分的 SketchUp 工具、命令和设置，由文件、编辑、视图、相机、绘图、工具、窗口、扩展程序、帮助 9 个主菜单构成，每个主菜单都可以打开相应的子菜单及次级子菜单，如图 1-22 所示。

3. 工具栏

工具栏是浮动窗口，排列在视窗的左边或者大工具栏的下面，用户可根据个人习惯进行设置。默认状态下的 SketchUp 仅有横向工具栏，主要为绘图、测量、编辑等工具组按钮。另外，通过选择"视图"｜"工具栏"命令，在打开的"工具栏"对话框中也可以调出或者关闭某个工具栏，如图 1-23 所示。

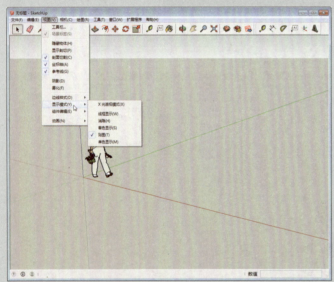

图 1-22 "子菜单"及"次级子菜单"

图 1-23 "工具栏"对话框

4. 状态栏

状态栏位于绘图窗口的下面，左端是命令提示和 SketchUp 的状态信息，用来显示当前操作的状态，也会对命令进行描述和操作提示。包含了地理位置定位、声明归属、登录以及显示/隐藏工具向导四个按钮。

这些信息会随着绘制的内容而改变，但总的来说是对命令的描述，提供修改键和它们是怎么修改的。当操作者在绘图区进行任意操作时，状态栏就会出现相应的文字提示，用户根据这些提示，可以更加准确地完成操作。

5. 数值控制栏

数值控制栏位于状态栏右侧，用于在用户绘制内容时显示尺寸信息。也可以在数值控制栏中输入数值，以操纵当前选中的视图。

在进行精确模型创建时，可以通过键盘直接在输入框内输入"长度""半径""角度""个数"等数值，以准确指定所绘图形的大小。

6. 绘图区

绘图区占据了 SketchUp 工作界面的大部分空间，与 Maya、3ds max 等大型三维软件的平面、立面、剖面及透视多视窗显示方式不同，SketchUp 为了界面的简洁，仅设置了单视窗，通过对应的工具按钮或快捷键可快速地进行各个视图的切换，有效节省了系统显示的幅数。而通过 SketchUp 独有的"剖面"工具还能快速实现剖面效果。

1.2.2 主要工具栏

SketchUp 的工具栏和其他应用程序的工具栏相似。可以游离或者吸附到绘图窗口的边上，也可以根据需要拖曳工具栏窗口，调整其大小。

1. "标准"工具栏

"标准"工具栏主要用来管理文件、打印和查看帮助。包括新建、打开、保存、剪切、复制、粘贴、擦除、撤销/重做、打印和模型信息，如图 1-24 所示。

图 1-24 "标准"工具栏

2. "编辑"与"主要"工具栏

"编辑"工具栏包括移动复制、推/拉、旋转、路径跟随、缩放和偏移，如图 1-25 所示。"主要"工具栏包括选择、制作组件、材质和擦除，如图 1-26 所示。

图 1-25 "编辑"工具栏　　　　图 1-26 "主要"工具栏

3. "绘图"工具栏

"绘图"工具栏是进行"绘图"的基本工具。包括矩形、直线、圆、手绘线、多边形、圆弧和饼图。圆弧分为两种，分别为根据起点、终点和凸起部分绘制圆弧，从中心和两点绘制圆弧，如图1-27所示。

图1-27 "绘图"工具栏

4. "建筑施工"工具栏

"建筑施工"工具栏包括卷尺工具、尺寸、量角器、文字、轴和三维文字，如图1-28所示。

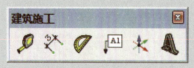

图1-28 "建筑施工"工具栏

5. "相机"工具栏

"相机"工具栏是用于控制视图显示的工具。包括环绕观察、平移、缩放、缩放窗口、充满视窗、上一个、定位相机、绕轴旋转和漫游，如图1-29所示。

图1-29 "相机"工具栏

6. "样式"工具栏

"样式"工具栏控制场景显示的风格模式。包括X光透视模式、后边线、线框显示、消隐、阴影、材质贴图和单色显示，如图1-30所示。

图1-30 "样式"工具栏

7. "视图"工具栏

"视图"工具栏是切换到标准预设视图的快捷按钮。底视图没有包括在内，但是可以从查看菜单中打开。此工具栏包括等轴视图、俯视图、前视图、右视图、后视图和左视图，如图1-31所示。

8. "图层"工具栏

"图层"工具栏提供了显示当前图层、了解选中视图所在图层、改变实体的图层分配、开启图层管理器等常用的图层操作，如图 1-32 所示。

图 1-31 "视图"工具栏　　　　　　图 1-32 "图层"工具栏

9. "阴影"工具栏

"阴影"工具栏提供简洁的控制阴影的方法，包括阴影设置、显示/隐藏阴影以及太阳光在不同季节和时间中的控制，如图 1-33 所示。

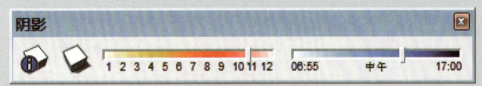

图 1-33 "阴影"工具栏

10. "截面"工具栏

"截面"工具栏可以很方便地执行常用的剖面操作，包括添加剖切面、显示/隐藏剖切面和显示/隐藏剖面切割，如图 1-34 所示。

11. "沙盒"工具栏

"沙盒"工具栏常用于地形方面的制作。包括根据等高线创建、根据网格创建、曲面起伏、曲面平整、曲面投射、添加细部和对调角线，如图 1-35 所示。

图 1-34 "截面"工具栏　　　　　　图 1-35 "沙盒"工具栏

12. "动态组件"工具栏

"动态组件"工具栏常用于制作动态互交组件。包括与动态组件互动、组件选项和组件属性，如图 1-36 所示。

13. Google 工具栏

Google 工具栏是 SketchUp 软件被 Google 公司收购以后增加的工

具，可以使其与 Google 旗下的软件紧密协作。此工具栏包括添加位置、切换地形、照片纹理和在 Google 地球中预览模型，如图 1-37 所示。

图 1-36　"动态组件"工具栏

图 1-37　Google 工具栏

> **绘图技巧**
>
> 　　在初始界面是看不到大工具栏的，需要选择"视图"|"工具栏"命令，选择"大工具栏"命令之后才会显示，后面的章节会进行详细介绍。

1.3　设置绘图环境

　　大多数工程设计软件（如 3ds max、AutoCAD 等）在默认情况下都是以美制单位作为绘图基本单位的，因此绘图前先要进行绘图环境的设置。用户可根据自己的操作习惯来设置 SketchUp 的单位、工具栏、快捷键等，以提高工作效率。

1.3.1　设置场景坐标系

　　与其他三维建筑设计软件一样，SketchUp 也使用坐标系来辅助绘图。启动 SketchUp 后，屏幕会出现一个三色坐标轴。绿色的坐标轴代表 X 轴向，红色的坐标轴代表 Y 轴向，蓝色的坐标轴代表 Z 轴向，其中实线轴为坐标轴正方向，虚线轴为坐标轴负方向。

　　用户根据需要，可以对默认坐标轴的原点、轴向进行更改，操作步骤如下。

01 激活"轴"工具，重新定义系统坐标，可以看到此时屏幕上的鼠标指针变成了一个坐标轴，如图 1-38 所示。

02 移动鼠标到需要重新定义的坐标位置，单击鼠标左键，完成原点的定位，如图 1-39 所示。

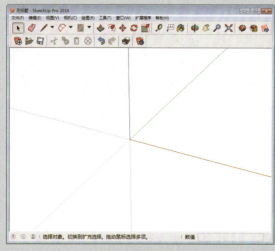
图 1-38　坐标系统示意图

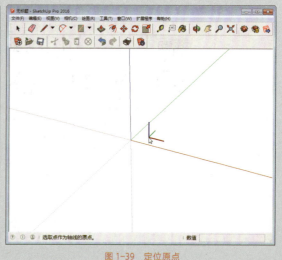
图 1-39　定位原点

03 移动鼠标到红色的 Y 轴所需要的方向位置，单击鼠标左键，完成 Y 轴的定位，如图 1-40 所示。

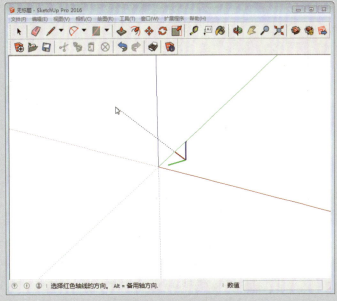

图 1-40　定位 Y 轴

04 移动鼠标到绿色的 X 轴所需要的方向位置，单击鼠标左键，完成 X 轴的定位，如图 1-41 所示。

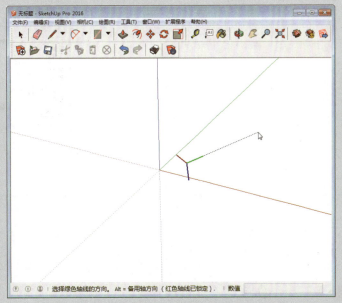

图 1-41　定位 X 轴

05 坐标系被重新定位，如图 1-42 所示。

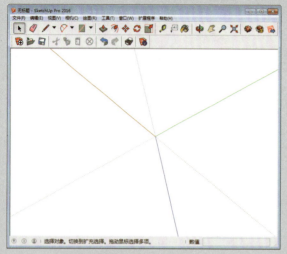

图 1-42 重新定位坐标系

如果用户想在绘图时出现用于辅助定位的十字光标，可通过"系统设置"对话框来进行设置，如图 1-43 所示。

选择"窗口"|"系统设置"命令，打开"系统设置"对话框，在"绘图"选项卡中，选中"显示十字准线"复选框即可，如图 1-44 所示。

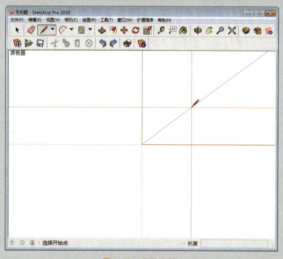

图 1-43 定位光标

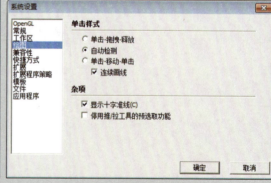

图 1-44 "系统设置"对话框

设置场景坐标轴和显示十字光标这两个操作并不常用，对于初学者来说，不需要进行过多研究，有一定的了解即可。

1.3.2 设置场景单位

SketchUp 在默认情况下以美制英寸为绘图单位，而我国设计规范均以毫米（米制）为单位，精度通常保持为 0mm。因此在使用 SketchUp 时，应先将系统单位调整好，操作步骤如下。

01 选择"窗口"|"模型信息"命令，如图1-45所示。

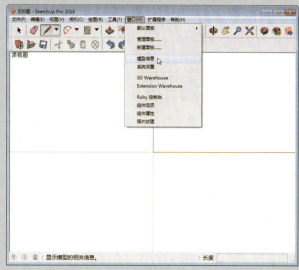

图1-45 窗口菜单

> **绘图技巧**
>
> 在打开SketchUp软件时，会弹出启动面板，在"模板"选项板中也可以设置毫米制的建筑绘图模板。

02 打开"模型信息"对话框，在"单位"选项卡中，设置长度单位格式为"十进制"，单位为"mm"，精确度为"0mm"，如图1-46所示。

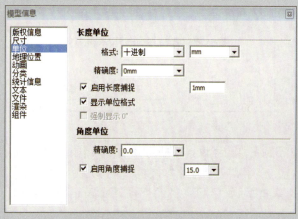

图1-46 "模型信息"对话框

1.3.3 自定义快捷键

SketchUp为一些常用工具设置了默认快捷键，用户也可以根据个人绘图习惯自定义快捷键，以提高绘图效率，操作步骤如下。

01 选择"窗口"|"系统设置"命令，如图1-47所示。

02 打开"系统设置"对话框，在"快捷方式"选项卡中，进行自定义快捷键，如图1-48示。

图 1-47 窗口菜单

图 1-48 "系统设置"对话框

03 输入快捷键后,单击"添加"按钮即可。如果该快捷键已经被其他命令占用,系统将会弹出提示框,单击"是"按钮即会代替原有快捷键,如图 1-49 所示。

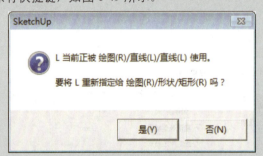

图 1-49 系统提示信息

04 如果要删除已经设置好的快捷键,只需要在右侧单击已指定的快捷键,再单击"删除"按钮即可,如图 1-50 示。

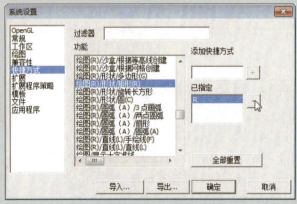

图 1-50 删除快捷键

绘图技巧

单击"系统设置"对话框中的"导出"按钮,会弹出"输出预置"对话框,如图 1-51 所示,在其中设置好文件名并单击"导出"按钮,即可将自定义好的快捷键以 dat 文件进行保存。而当重装系统或在他人计算机上应用 SketchUp 时,再单击"输入"按钮,在弹出的"输入预置"对话框中选择快捷键文件,如图 1-52 所示,单击"导入"按钮,即可快速加载之前自定义的所有快捷键。

创建绘图环境——SketchUp 入门操作详解

图 1-51 "输出预置"对话框

图 1-52 "输入预置"对话框

常见的快捷键设置，见表 1-1。

表 1-1 快捷键设置

直线		L	手绘线		F	矩形		R
圆		C	多边形		N	圆弧		A
选择		空格键	擦除		E	材质		X

（续表）

移动		M	推/拉		U	旋转		R
路径跟随		J	缩放		S	偏移		O
卷尺工具		Q	尺寸		D	量角器		V
文字		T	轴		Y	三维文字		SHIFT+Z
平移		H	缩放		Z	充满视窗		SHIFT+
定位相机		I	绕轴旋转		K	漫游		W
上一视图		F8	等轴		F2	俯视图		F3
右视图		F7	前视图		F4	后视图		F5
左视图		F6	绕轴旋转		鼠标中键	制作组件		G

1.3.4 自动保存与备份

为了防止断电等突发情况造成的文件丢失，SketchUp 提供了文件自动备份与保存的功能，选择"窗口"|"系统设置"命令，打开"系统设置"对话框，在"常规"选项卡中选择相关选项，如图 1-53 所示。

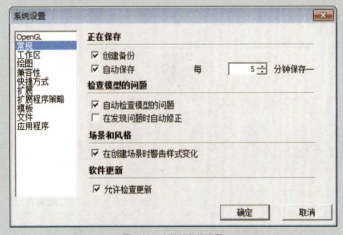

图 1-53 文件的备份设置

- 创建备份：提供创建 *.skb 的备份文件，当出现意外情况时可以将备份文件的后缀名改为 *.skp，即可打开还原文件。
- 自动保存：以设置好的间隔时间进行自动保存。
- 自动检查模型的问题：可以自动检测模型在加载或保存时的错误。
- 在发现问题时自动修正：不提供提示信息自动修复所发现的错误。

下面介绍文件的创建备份与自动保存的操作，具体步骤如下。

01 选择"窗口"|"系统设置"命令，打开"系统设置"对话框，在"常规"选项卡中选中"创建备份""自动保存"复选框，并设置保存时间，如图 1-54 所示。

图 1-54 选中相应选项

02 在"文件"选项卡中单击"模型"后的"设置路径"按钮，设置自动备份的文件的路径即可，如图 1-55 所示。

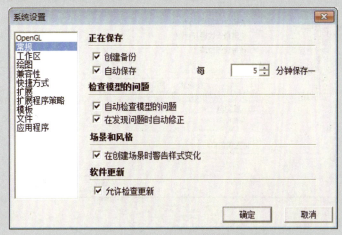

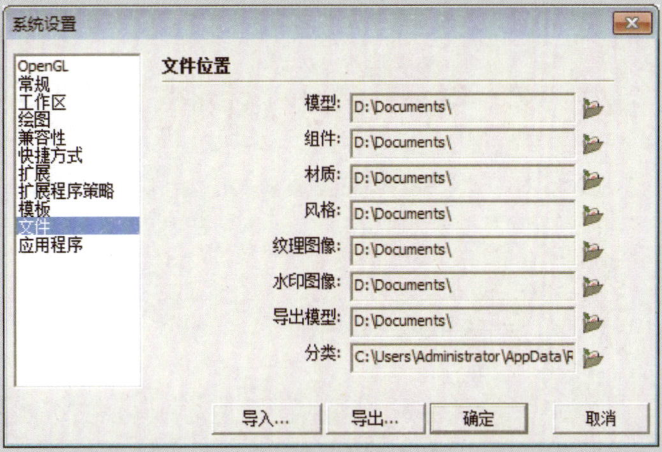

图 1-55 设置路径

> **绘图技巧**
>
> 创建备份与自动保存是两个概念，如果只选中"自动保存"复选框，则数据将直接保存在已经打开的文件上。只有同时选中"创建备份"复选框，才能够将数据另存在一个新的文件上，这样，即使打开的文件出现损坏，还可以使用备份文件。

■ 1.3.5 设置硬件加速

SketchUp 是一款非常依赖内存、CPU、3D 显示卡和 OpenGL 驱动的三维应用软件,运行该软件时需要 100% 兼容的 OpenGL 驱动。

OpenGL 是众多游戏和应用程序进行三维对象实时渲染的工业标准,Windows 和 MacOS 都内建了基于软件加速的 OpenGL 驱动。安装好 SketchUp 后,系统默认使用 OpenGL 硬件加速,如果计算机配备了 100% 兼容 OpenGL 硬件加速的显卡,那么可以在"系统设置"对话框的 OpenGL 选项组中进行设置,以充分发挥硬件的加速性能,如图 1-56 所示。

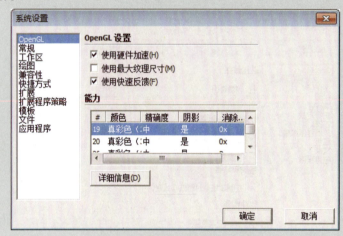

图 1-56　硬件加速

如果显卡 100% 兼容 OpenGL,那么 SketchUp 的工作效率将比软件加速模式要快得多,用户会明显感觉到速度的提升。如果不能正常使用一些工具,或者渲染时出错,那么显卡可能不是 100% 兼容,这时最好取消选中"使用硬件加速"复选框。

1.4　在 SketchUp 中使用鼠标

SketchUp 既可支持三键鼠标又可支持单键鼠标(常见于 Mac 计算机)。由于三键鼠标能大大提高使用 SketchUp 的效率,因此推荐选用三键鼠标。

■ 1.4.1 使用三键鼠标

三键鼠标包含一个左键,一个中键(也叫滚轮)以及一个右键。下面介绍在 SketchUp 中使用三键鼠标的各种常见操作。

- 单击：快速按下鼠标左键，然后放开。
- 单击并按住：按下并按住鼠标左键。
- 单击、按住并拖动：按下并按住鼠标左键，然后移动光标。
- 中键单击、按住并拖动：按下并按住鼠标中键，然后移动光标。
- 滚动：旋转鼠标中间的滚轮。
- 右键单击：单击鼠标右键。一般用来显示上下文菜单。

1.4.2　使用单键鼠标

下面介绍在 SketchUp 中使用单键鼠标的各种常见操作。

- 单击：快速按下然后释放鼠标键。
- 单击并按住：按下并按住鼠标键。
- 单击、按住并拖动：按住鼠标键，然后移动光标。
- 滚动：旋转鼠标滚动球（在某些 Mac 计算机上可用）。
- 右键单击：按住控制键的同时单击按下鼠标键。

自己练 PRACTICE YOURSELF

■ 项目练习1：设置创建备份与自动保存

操作要领：

（1）选择"窗口"|"系统设置"命令，打开"系统设置"对话框，如图1-57所示。

（2）在"常规"选项卡中的"正在保存"选项组中设置相关参数。

图纸展示：

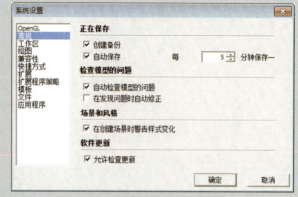

图1-57 "系统设置"对话框

■ 项目练习2：调用模板

操作要领：

（1）在软件的欢迎界面中单击"选择模板"按钮，在列表中选择系统设定好的或者自定义模板皆可，如图1-58所示。

（2）在软件的操作界面中选择"窗口"|"系统设置"命令，打开"系统设置"对话框，在"模板"选项卡中选择模板。可以看到，"系统设置"对话框中的模板列表与欢迎界面中的模板是一致的，如图1-59所示。

图纸展示：

图1-58 欢迎界面

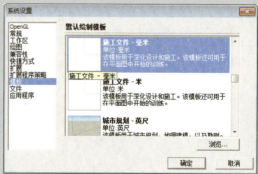

图1-59 设置视窗布局类型

CHAPTER 02

制作场景效果——
水印与边线的应用

本章概述 SUMMARY

SketchUp同AutoCAD一样，具有多种视图显示方式，用来观察场景以及选择物体。另外，它还具有AutoCAD不具备的多种图形显示风格，设计者可根据需要将场景效果自由变换。本章将主要介绍SketchUp软件的视图操作技巧，对象的选择，对象的显示风格等知识。

■ 要点难点

视图的操作 ★☆☆
对象的选择 ★★☆
对象的显示 ★★★
面的操作 ★★★

漫画场景效果

跟我学 LEARN WITH ME

■ 制作漫画场景效果

案例描述：sketchUp 中的水印是一个很有意思的功能，并具有创意性，很多漂亮的风格就是建立在这个基础上的，而且同样易于操作。水印除了保护图片原创的同时，还有很多扩展应用，其中之一就是用作背景。

制作过程

下面将以为建筑添加背景天空效果为例展开介绍。

01 打开文件，可以看到场景中的背景是蓝色的天空，如图 2-1 所示。

02 选择"窗口"|"默认面板"|"风格"命令，打开"风格"选项板，如图 2-2 所示。

图 2-1 打开文件　　　　　　　　图 2-2 "风格"选项板

03 切换到"编辑"选项板的"水印"面板，如图 2-3 所示。

04 单击"添加水印"按钮 ⊕，打开"选择水印"对话框，选择要作为背景的图片，如图 2-4 所示。

制作场景效果——水印与边线的应用

图 2-3 设置水印

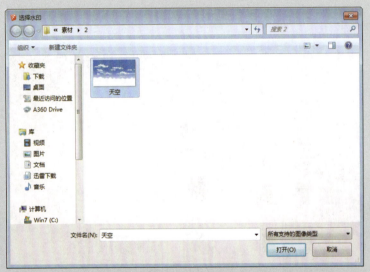

图 2-4 选择水印文件

05 单击"打开"按钮，将图片作为水印添加到场景中，系统会自动弹出"创建水印"对话框，选择"背景"选项，图片将以背景显示在场景中，如图 2-5 所示。

06 单击"下一步"按钮，调整背景和图像的混合度，如图 2-6 所示。

图 2-5 选择背景　　　　　　　　　　　　　图 2-6 调整混合度

07 单击"下一步"按钮,选择"在屏幕中定位"选项,在右侧选择中上方,再调整图片显示比例,这里调整为最大,如图 2-7 所示。

图 2-7 调整图片显示比例

08 单击"完成"按钮,即可完成水印的添加,"默认面板"对话框中会显示水印的图片,如图 2-8 所示。

09 切换到"边线"面板,设置边线参数,如图 2-9 所示。

制作场景效果——水印与边线的应用

图 2-8 显示水印图片

图 2-9 设置边线参数

10 效果如图 2-10 所示。

图 2-10 完成水印添加

听我讲 LISTEN TO ME

2.1 视图的操作

在使用 SketchUp 进行方案推敲的过程中,经常需要通过视图的切换、旋转、平移、缩放等操作,以确定模型的创建位置或观察当前模型的细节效果。可以说,熟练地对视图进行操作是掌握 SketchUp 其他功能的前提。

■ 2.1.1 切换视图

在 SketchUp 中切换视图主要是通过"视图"工具栏中的 6 个视图按钮进行快速切换,如图 2-11 所示。

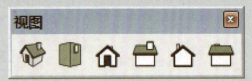

图 2-11 "视图"工具栏

单击其中的按钮即可切换到相应的视图,依次为等轴视图、俯视图、前视图、右视图、后视图、左视图,如图 2-12 至图 2-17 所示。

图 2-12 等轴视图

图 2-13 俯视图

制作场景效果——水印与边线的应用

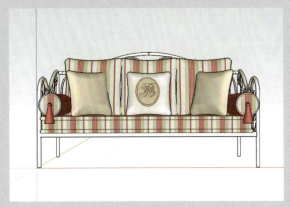

图 2-14　前视图

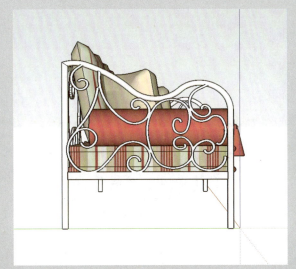

图 2-15　右视图

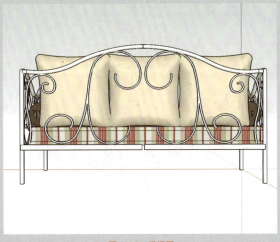

图 2-16　后视图

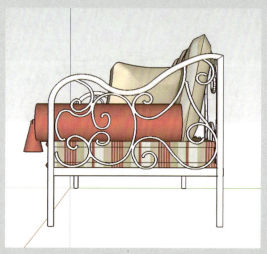

图 2-17 左视图

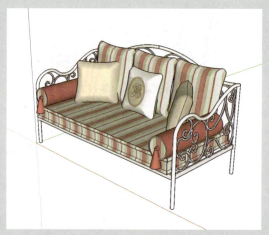

图 2-18 透视显示

> **绘图技巧**
>
> SketchUp 默认设置为"透视显示",因此所得到的平面视图与立面视图都非绝对的投影效果,如图 2-18 所示。选择"相机"|"平行投影"命令即可得到绝对的投影视图,如图 2-19 所示。

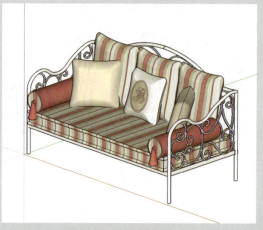

图 2-19 平行投影

由于计算机屏幕观察模型的局限性，为了达到三维精确作图的目的，必须转换到最精确的视图窗口操作，设计师往往会根据需要即时调整视窗到最佳状态，这时对模型的操作才最准确。

■ 2.1.2 旋转视图

在介绍旋转视图之前，先要介绍一下三维视图的两个类别：透视图与轴测图。

透视图是模拟人的视觉特征，使图形中的物体有"近大远小"的消失关系，如图 2-20 所示。轴测图虽然是三维视图，但是距离视点近的物体与距离视点远的物体所显示的大小是一样的，如图 2-21 所示。

图 2-20　透视图　　　　　　图 2-21　轴测图

旋转视图，可以快速观察模型各个角度的效果，旋转三维视图有两种方法：一种是直接单击"相机"工具栏中的"绕轴旋转"按钮，直接旋转屏幕以达到观测的角度；另一种是按住鼠标中键不放，在屏幕上转动视图以达到观测的角度，如图 2-22 所示。

图 2-22　旋转三维视图

2.1.3 平移视图

"平移"工具是在保持当前视图内模型显示大小比例不变的情况下,整体拖动视图进行任意方向的移动,以观察到当前未显示在视窗内的模型。

单击"相机"工具栏中的"平移"按钮,当视图中出现抓手图标时,拖动鼠标即可进行视图的平移操作,如图 2-23 至图 2-25 所示依次为原始图效果、向左平移效果、向右平移效果。

> **绘图技巧**
>
> 在使用"绕轴旋转"工具调整观测角度时,SketchUp 为保证观测的平稳性,将不会移动相机机身。如果需要观测视点随着鼠标的转动而移动相机机身,可以按住 Ctrl 键不放,再进行转动。

图 2-23 原始场景

图 2-24 向左平移

制作场景效果——水印与边线的应用

绘图技巧

计算机大多都配有滚轮鼠标，滚轮鼠标既可以上下滑动，也可以将滚轮当中键使用。为了加快SketchUp的绘图速度，对视图进行操作时应最大限度地发挥鼠标的以下几种功能：

（1）按住中键不放并移动鼠标可实现转动功能。

（2）按住Shift键不放并按下鼠标中键实现平移功能。

（3）将鼠标滚轮上下滑动实现缩放功能。

图 2-25　向右平移

2.1.4　缩放视图

绘图是一个不断地从局部到整体，再从整体到局部的过程。为了精确绘图，经常需要放大图形以观察局部细节；而为了进行全局的调整，又要缩小图形以查看整体效果。

通过缩放工具可以调整模型在视图中的大小，从而进行整体细节或局部细节的观察，SketchUp的"相机"工具栏中提供了多种视图缩放工具。

1."缩放"工具

"缩放"工具用于调整整个模型在视图中的大小。单击"相机"工具栏中的"缩放"按钮，按住鼠标左键不放，从屏幕下方往上方移动是放大视图，从屏幕上方往下方移动是缩小视图，如图2-26、图2-27所示。

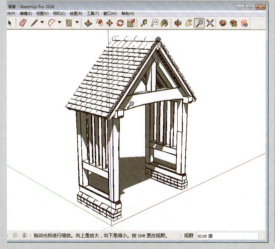

图 2-26　放大视图

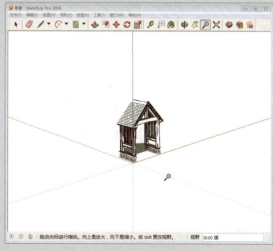

图 2-27　缩小视图

2."缩放窗口"工具

通过"缩放窗口"工具可以划定一个显示区域,位于划定区域内的模型将在视图内最大化显示,如图2-28所示。单击"相机"工具栏中的"缩放窗口"按钮,然后在视图中划定一个区域即可进行缩放,如图2-29所示。

3."充满视窗"工具

"充满视窗"工具可以快速地将场景中所有可见模型以屏幕中心为中心进行最大化显示。单击"相机"工具栏中的"充满视窗"按钮,设置前后效果如图2-30所示。

> **绘图技巧**
>
> 在默认设置下,"缩放"的快捷键为Z,此外前后滚动鼠标滚轮也可以进行缩放操作。

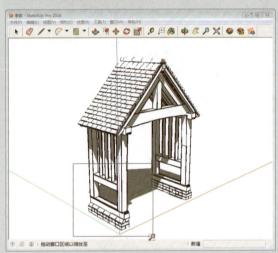

图2-28 设定显示范围

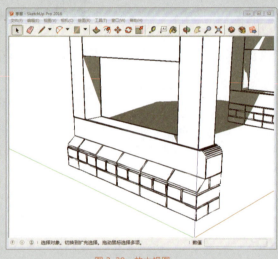

图2-29 放大视图

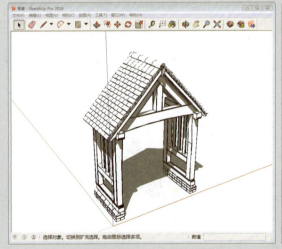

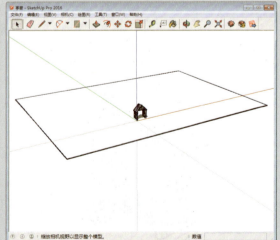

图2-30 充满视窗前后效果对比

制作场景效果——水印与边线的应用

> **绘图技巧**
>
> 在进行视图操作时,难免会出现错误操作,这时使用"相机"工具栏中的"上一个"按钮 或"下一个"按钮 ,即可进行视图的撤销与返回。

2.2 对象的选择

SketchUp 是一个面向对象的软件,即首先创建简单的模型,然后选择模型进行深入细化。因此能否快速、准确地选择到目标对象,对工作效率有着很大影响。SketchUp 常用的选择方式有"一般选择""框选与叉选"以及"扩展选择"三种。

2.2.1 一般选择

SketchUp 中的"选择"命令可以通过单击工具栏中的"选择"按钮或者直接按下空格键来激活,操作步骤如下。

01 打开模型,本模型为一个由多个构件组成的户外座椅,如图 2-31 所示。

02 单击"选择"按钮,或者直接按下空格键,激活"选择"工具,在视图内出现一个箭头图标,如图 2-32 所示。

图 2-31　打开模型　　　　图 2-32　选择模型

03 此时在任意对象上单击均可将其选择,这里选择座椅的一侧扶手,可以看到被选择的对象以高亮显示,区别于其他对象,如图 2-33 所示。

04 如果要继续选择其他对象,则按住 Ctrl 键不放,当视图中的光标变成 时,单击下一个目标对象,即可将其加入选择。利用该方法加选另一侧扶手,如图 2-34 所示。

图 2-33 选择扶手　　　图 2-34 加选图形

> **绘图技巧**
>
> 如果按住 Shift 键不放，则视图中的光标会变成 。这时单击当前未选择的对象会进行加选，单击当前已选择的对象会进行减选。

2.2.2　框选与叉选

以上介绍的选择方法均为单击鼠标完成的，因此每次只能选择单个对象，下面来介绍"框选"与"叉选"，用户可以一次性完成多个对象的选择。

"框选"是指在激活"选择"工具后，使用鼠标从左至右画出实线选择框，如图 2-35 所示。完全被该选择框包围的对象将会被选择，如图 2-36 所示。

图 2-35 框选图形　　　图 2-36 框选结果

"叉选"是指在激活"选择"工具后，使用鼠标从右到左画出虚线选择框，如图 2-37 所示。全部或者部分位于选择框内的对象都将被选择，如图 2-38 所示。

制作场景效果——水印与边线的应用

> **绘图技巧**
>
> 在实际操作中应注意以下几方面事项。
>
> （1）选择完成后，单击视图任意空白处，将取消当前所有选择。
>
> （2）按 Ctrl+A 组合键将全选所有对象，无论是否显示在当前的视图范围内。
>
> （3）加选与减选的方法对于"框选""叉选"同样适用。
>
> 在使用框选与叉选时一定要注意方向，前者是从左到右，后者是从右到左，这两个选择模式经常使用，特别是在图形较多时，可以一次性进行选择。

图 2-37 叉选图形

图 2-38 叉选结果

2.2.3 扩展选择

在 SketchUp 中，"线"是最小的可选择单位，"面"则是由"线"组成的基本建模单位，通过扩展选择，可以快速选择关联的面或线。

用鼠标单击某个"面"，这个面会被单独选择，如图 2-39 所示。

用鼠标双击某个"面"，与这个面相关的"线"也将被选择，如图 2-40 所示。

用鼠标三击某个"面"，与这个面相关的其他"面""线"都将被选择，如图 2-41 所示。

图 2-39 单击面

图 2-40 双击面

图 2-41 三击面

图 2-42　查看右键菜单选项

> **绘图技巧**
>
> 在选择对象上单击鼠标右键，在弹出的快捷菜单中选择"选择"命令，在其次级子菜单中即可进行"边界边线""连接的平面""连接的所有项"的选择，如图 2-42 所示。

2.3　对象的显示风格及边线样式

在做设计方案时，设计师为了让客户能够更好地了解方案，理解设计意图，往往会从各个角度、用各种方法来表达设计成果。SketchUp 作为直接面向设计的软件，提供了大量的显示模式，以便于选择表现手法，满足设计方案的表达。

2.3.1　七种显示模式

SketchUp 的"样式"工具栏中包含了 X 光透视模式、后边线、线框显示、消隐、阴影、材质贴图、单色显示 7 种显示模式，如图 2-43 所示。

图 2-43　"样式"工具栏

1. X 光透视模式

该模式的功能是可以将场景中所有物体都透明化，就像用 X 射线扫描的一样，如图 2-44 所示。在此模式下，可以在不隐藏任何物体的情况下方便地观察模型内部构造。

2. 后边线

该模式的功能是在当前显示效果的基础上以虚线的形式显示模型背面无法观察到的线条，如图 2-45 所示。在当前为"X 光透视"和"线框显示"模式下时，该模式无效。

图 2-44　"X 光透视"模式

图 2-45　后边线

3. 线框显示

该模式是将场景中的所有物体以线框的方式显示，如图 2-46 所示。在这种模式下，所有模型的材质、贴图和面都是失效的，但是此模式下的显示效果非常迅速。

4. 消隐

该模式仅显示场景中可见的模型面，此时大部分的材质与贴图会暂时失效，仅在视图中体现实体与透明的材质区别，如图 2-47 所示。

图 2-46　线框显示

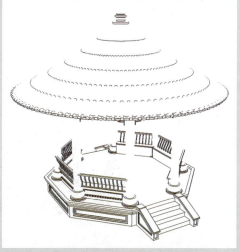

图 2-47　消隐

5. 阴影

该模式是介于"隐藏线"和"阴影纹理"之间的一种显示模式，该模式在可见模型面的基础上，根据场景已经赋予过的材质，自动在模型表面生成相近的色彩，如图 2-48 所示。在该模式下，实体与透明的材质区别也有体现，因此模型的空间感比较强烈。

6. 材质贴图

该模式是 SketchUp 中全面的显示模式，材质的颜色、纹理及透明度都将得到完整体现，如图 2-49 所示。

图 2-48　阴影

图 2-49　材质贴图

7. 单色显示

该模式是一种在建模过程中经常使用到的显示模式，以纯色显示场景中的可见模型面，以黑色显示模型的轮廓线，具有较强的空间立体感，如图 2-50 所示。

图 2-50　单色显示

绘图技巧

材质贴图显示模式会占用大量系统资源，因此该模式通常用于观察材质以及模型整体效果，在进行建立模式、旋转、平衡视图等操作时，应尽量使用其他模式，以避免卡屏、迟滞等现象。此外，如果场景中模型没有赋予任何材质，该模式将无法使用。

制作场景效果——水印与边线的应用

2.3.2 边线的显示效果

SketchUp 俗称草图大师，即该软件的功能有些趋向于设计方案的手绘。手绘方案时在图形的边界往往会有一些特殊的处理效果，如两条直线相交时出头，使用有一定弯度变化的线条代替单调的直线，这样的表现手法在 SketchUp 中都可以体现。

1. 设置边线显示类型

选择"视图"|"边线样式"命令，在其二级子菜单中可以快速设置轮廓、深度暗示、延长等，如图 2-51 所示。另外在"样式"对话框中也可以设置边线的显示，如图 2-52 所示。

> **绘图技巧**
>
> 对于这几种显示模式，要针对具体情况进行选择。在绘制室内设计图时，由于需要看到内部的空间结构，可以用 X 光透视模式；在绘制建筑方案时，在图形没有完成的情况下可以使用阴影模式，这时显示速度会快一些；图形完成后可以使用材质贴图模式来查看整体效果。

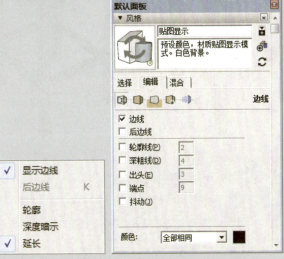

图 2-51 边线样式子菜单　　图 2-52 样式对话框

打开模型，为仅显示边线的效果，如图 2-53 所示。"轮廓线"选项默认为选中，可以看到场景中的模型边线将得到加强，如图 2-54 所示。

图 2-53 边线效果　　图 2-54 轮廓线显示效果

选中"深粗线",边线将以比较粗的深色线条显示,如图 2-55 所示。但是由于这种效果影响模型的细节,通常不采用。

选中"出头",即可显示出手绘草图的效果,两条相交的直线会稍微延伸出头,如图 2-56 所示。

> **绘图技巧**
>
> 打开"样式"对话框,切换到"选择"选项板,在下面的列表中单击"手绘边线"文件夹,如图 2-59 所示,即可打开"手绘边线"的样式库,用户可以任意选择边线的样式,如图 2-60 所示。

图 2-55 深粗线显示效果

图 2-56 出头显示效果

选中"端点",边线与边线的交界处将以较粗的线条显示,如图 2-57 所示。

选中"抖动",笔直的边界线将以稍稍弯曲凌乱的线条显示,用于模拟手绘中真实的线段细节,如图 2-58 所示。

图 2-57 端点显示效果

图 2-58 抖动显示效果

2. 设置边线显示颜色

在默认设置下,边线以深色显示,单击"样式"对话框中的"颜色"下拉按钮,在下拉列表中有三种不同的边线颜色设置类型,如图 2-61 所示。

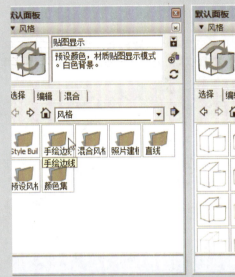

图 2-59 选择样式

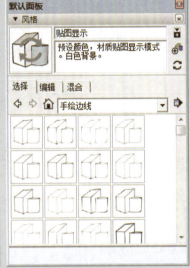

图 2-60 样式库

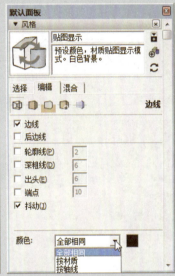

图 2-61 边线颜色设置

各个选项含义如下。

1)全部相同

默认边线颜色选项为"全部相同",单击后面的色块可以自由调整色彩,如图 2-62、图 2-63 所示分别为红色边线显示效果与蓝色边线显示效果。

图 2-62 红色边线显示效果

图 2-63 蓝色边线显示效果

2)按材质

选择该选项后,系统将自动把模型边线调整为与自身材质相一致的颜色,如图 2-64 所示。

3)按轴线

选择该选项后,系统分别将 X、Y、Z 轴向上的边线以红、绿、蓝三种颜色显示,如图 2-65 所示。

图 2-64　材质效果

图 2-65　轴线效果

除了调整以上类似铅笔黑白素描的效果外,通过"样式"对话框中的下拉菜单,还可以选择诸如手绘边线、照片建模、颜色集等其他效果,如图 2-66 所示。各效果下又有多个不同选择,如图 2-67 所示。

绘图技巧

SketchUp 无法分别设置边线颜色,唯有利用"按材质"或"按轴线"才能使边线颜色有所差别,但是即使这样,颜色效果的区分也不是绝对的,因为即使不设置任何边线类型,场景的模型仍会显示出部分黑色边线。

图 2-66　选择其他效果

图 2-67　颜色集

颜色集下橙色和绿色的显示效果如图 2-68 所示。

制作场景效果——水印与边线的应用

图 2-68　橙色和绿色显示效果

2.3.3　背景与天空

　　场景中的建筑物等并不是孤立存在的，需要通过周围的环境烘托，比如背景和天空。在 SketchUp 中，用户可以根据个人喜好进行设置，操作步骤如下。

01 选择"窗口"|"默认面板"|"风格"命令，如图 2-69 所示。

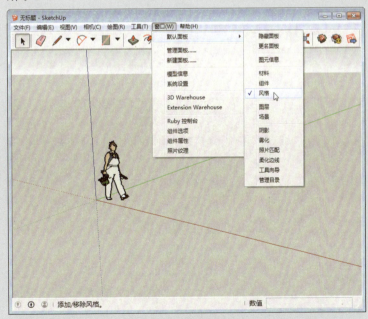

图 2-69　窗口菜单

02 打开"风格"面板，在"编辑"选项板中单击"背景设置"按钮 ，即可对背景选项进行设置，如图 2-70 所示。

03 单击背景颜色的色块，打开"选择颜色"对话框，设置颜色模式为 RGB，并设置参数，如图 2-71 所示。

04 单击天空颜色的色块，设置天空颜色，如图 2-72 所示。

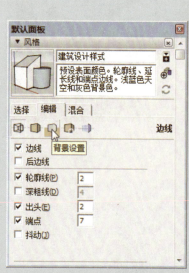
图 2-70 背景设置

图 2-71 选择颜色对话框

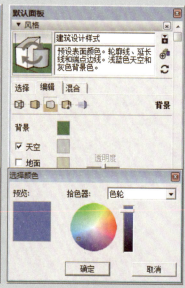
图 2-72 设置天空颜色

05 场景中背景和天空设置后的效果如图 2-73 所示。

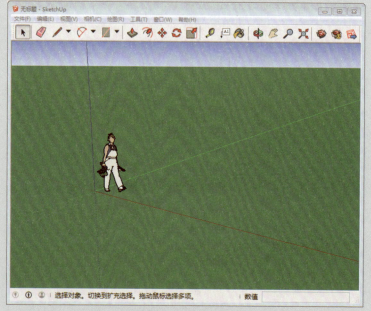
图 2-73 查看设置效果

绘图技巧

在 SketchUp 中，背景与天空都无法贴图，只能用简单的颜色来表示。如果需要添加配景贴图，可以在 Photoshop 中完成，也可以将 SketchUp 的文件导入到彩绘大师 Piranesi 中生成水彩画或马克画的效果图。较为简单的方法是利用水印功能表现天空背景，具体操作下一小节会有介绍。

2.4 光影的应用

物体在光线的照射下都会产生光影效果,通过阴影效果和明暗对比可以衬托出物体的立体感。

■ 2.4.1 设置地理参照

南北半球的建筑物接受日照的时间和程度均不一样,因此,设置准确的地理位置,是 SketchUp 产生准确光影效果的前提,具体操作步骤如下。

01 选择"窗口"|"模型信息"命令,打开"模型信息"对话框,选择"地理位置"选项,可以看到当前模型尚未进行地理定位,如图 2-74 所示。

> **绘图技巧**
>
> 由于经纬度的不同,不同地区的太阳高度、太阳照射强度与实际均不一样,如果地理位置设置不准确,阴影与光线的模拟就会失真,从而影响整体效果。

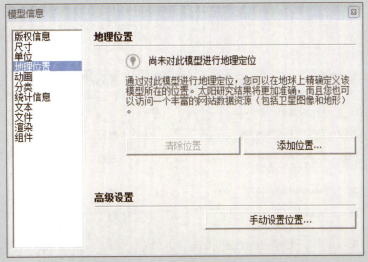

图 2-74 尚未进行地理定位

02 单击"手动设置位置"按钮,打开"手动设置地理位置"对话框,手动输入地理位置,单击"确定"按钮即可,如图 2-75 所示。

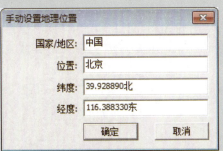

图 2-75 输入地理位置

2.4.2 设置阴影

通过"阴影"工具栏可以对市区、日期、时间等参数进行细致的调整,从而模拟出真实的光影效果。在"工具栏"面板中选中"阴影"选项,即可打开"阴影"工具栏,如图 2-76 所示。

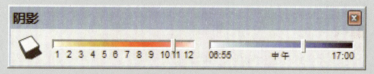

图 2-76 "阴影"工具栏

1. 设置阴影

选择"窗口"|"默认面板"|"阴影"命令,打开"阴影"设置面板,如图 2-77 所示。"阴影"设置面板中第一个参数设置是 UTC 调整,UTC 是协调世界时间的英文缩写。在中国统一使用北京时间(东八区)为本地时间,因此以 UTC 为参考标准,北京时间应该是 UTC+8:00,如图 2-78 所示。

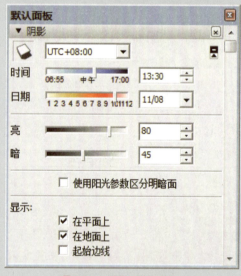

图 2-77 "阴影"设置面板

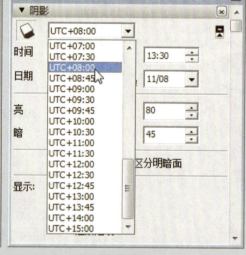

图 2-78 设置时间

设置好 UTC 时间后,拖动面板中"时间"后面的滑块来进行调整,在相同的日期不同的时间将会产生不同的阴影效果,如图 2-79 至图 2-82 所示为一天中四个时间段的阴影效果。

而在同一时间下,不同日期也会产生不同的阴影效果,如图 2-83 至图 2-86 所示为一年中四个月份的阴影效果。

制作场景效果——水印与边线的应用

图 2-79　6:30 阳光投影效果

图 2-80　10:30 阳光投影效果

图 2-81　13:30 阳光投影效果

图 2-82　16:30 阳光投影效果

图 2-83　2 月 15 日阳光投影效果

图 2-84　5 月 15 日阳光投影效果

图 2-85　9 月 15 日阳光投影效果

图 2-86　12 月 15 日阳光投影效果

在其他参数不变的情况下，调整亮暗参数的滑块，也可以改变场景中阴影的明暗对比，如图 2-87、图 2-88 所示。

图 2-87　调整到最亮

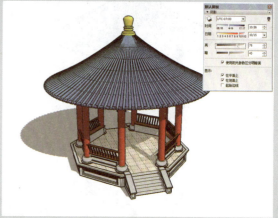
图 2-88　调整到最暗

2．阴影的显示切换

在 SketchUp 中，用户可以通过"阴影"工具栏中的"显示/隐藏阴影"按钮 对整个场景的阴影进行显示与隐藏，如图 2-89、图 2-90 所示。

制作场景效果——水印与边线的应用

图 2-89　阴影的隐藏

图 2-90　阴影的显示

2.4.3 雾化效果

在 SketchUp 中还有一种特殊的雾化效果,通过增加一种雾气朦胧的效果可以烘托环境的氛围。下面来制作一个大雾效果的场景,操作步骤如下。

01 打开模型,可以看到模型现有的阳光下的效果,如图 2-91 所示。

02 选择"窗口"|"雾化"命令,打开"雾化"对话框,选中"显示雾化"复选框,如图 2-92 所示。

图 2-91 打开模型

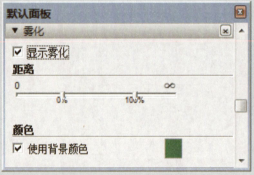

图 2-92 "雾化"对话框

03 可以看到场景中已经产生了背景色浓雾效果,如图 2-93 所示。

04 在默认设置下雾气的颜色与背景颜色一致,取消选中"使用背景颜色"复选框,调整右侧色块的颜色来改变雾气颜色,单击右侧色块,打开"选择颜色"对话框,调整颜色为白色,如图 2-94 所示。

图 2-93 背景色浓雾效果

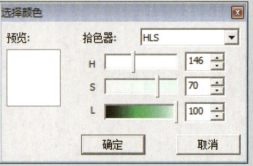

图 2-94 调整背景色

05 单击"确定"按钮,关闭对话框,观察调整后的雾化效果,如图 2-95 所示。

图 2-95 调整后的雾化效果

06 拖动滑块调整雾化显示效果,如图 2-96 所示。

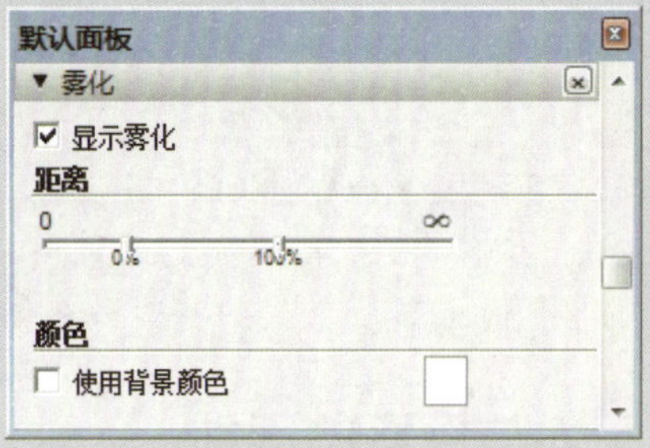

图 2-96 调整雾化显示

07 最终效果如图 2-97 所示。

图 2-97 最终效果

2.5 面的操作

在 3ds max 中，模型可以是多边形、片面和网格中的一种或几种形式的组合等，但是在 SketchUp 中，模型都是由面组成的。所以在 SketchUp 中建模是以面为核心来操作的。这种操作方式的优点是模型很精简，操作很简单，缺点是很难建立形体奇特的模型。

■ 2.5.1 面的概念

在 Sketchup 中，只要是线性物体（直线、圆形、圆弧）组成了一个封闭、共面的区域，即会自动形成一个面。

一个面实际上是由两个部分组成的，即正面与反面。正面与反面是相对的，一般情况下，需要渲染的面或重点表达的面是正面。三维设计软件渲染器默认设置一般都是单面渲染，比如在 3ds max 中，扫描线渲染器中的"强制双面"复选框是未选中的。由于面数成倍增加，双面渲染比单面渲染要多花一倍的计算时间。所以为了节省作图时间，设计师在绝大多数情况下都是使用单面渲染。

如果单独使用 SketchUp 作图，可以不考虑单面与双面的问题，因为 SketchUp 没有渲染功能。设计师往往会将 SketchUp 作为一个中间软件，即在 SketchUp 中建模，然后导入到其他的渲染器中进行渲染，如 Lightscape、3ds max 等。在这样的思路引导下，用 SketchUp 作图时，必须对所有的面进行统一处理，否则进入渲染器后，正反面不一致，无法完成渲染。

■ 2.5.2 正面与反面的区别

在 SketchUp 中，通常用黄色或者白色的表面表示正面，用蓝色或者灰色的表面表示反面。如果需要修改正反面显示的颜色，选择"窗口"|"样式"命令，在打开的"样式"对话框中切换到"编辑"选项板，再选择"表面"选项，调整前景色与背景色。

用颜色来区分正反面只不过是事物的外表。要真正理解正反面的本质区别，就需要在 3ds max 中观察显示的效果。

在 3ds max 的默认情况下，只渲染正面而不渲染反面。所以在制作室内设计图时，需要把正面向内；而在绘制室外建筑图时，正面需要向外，而且正面与反面一定要统一方向。

■ 2.5.3 面的反转

在绘制室内效果图时，需要表现室内墙体的效果，这时正面需要向内。在绘制室外效果图时，需要表现的是外墙的效果，这时正面需要向外。在默认情况下，SketchUp 将正面设置在外侧。如果是绘制室内效果图，操作步骤如下。

制作场景效果——水印与边线的应用

01 绘制一个长方体，如图 2-98 所示。

02 用鼠标右键单击任意一个面，在弹出的快捷菜单中选择"反转平面"命令，如图 2-99 所示。

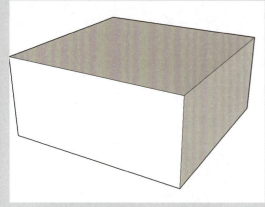

图 2-98 绘制长方体　　　　　图 2-99 反转平面

03 被选择的正面翻转到里面，将深蓝色的反面显示到外面，如图 2-100 所示。

04 用鼠标右键单击反面，在弹出的快捷菜单中选择"确定平面的方向"命令，如图 2-101 所示。

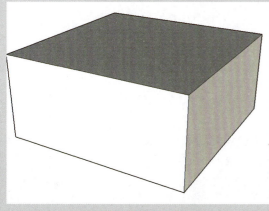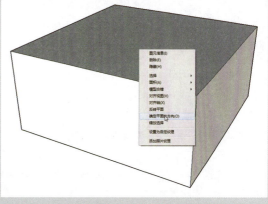

图 2-100 反转结果　　　　　图 2-101 确定平面的方向

05 所有的面都被翻转为反面，如图 2-102 所示。

> **绘图技巧**
>
> 使用"确定平面的方向"命令一次，只能针对相关联的模型，如果场景中还有其他模型，还需要再进行一次操作。

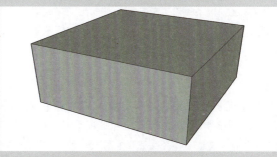

图 2-102 查看反转结果

2.6　实体的显示和隐藏

要简化当前视图显示，或想看到物体内部并在其内部工作，可将一些几何体隐藏起来。隐藏的几何体不可见，但仍在模型中，需要时可以重新显示。

1. 显示隐藏的几何体

如图 2-103 所示为隐藏了长方体的一个面，选择"视图"|"隐藏物体"命令，被隐藏的面会以网格显示，如图 2-104 所示。

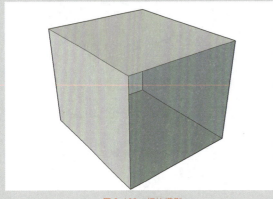 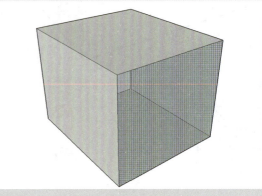

图 2-103　初始模型　　　　　　　　　　图 2-104　隐藏面以网格显示

2. 隐藏和显示实体

SketchUp 中的任何实体都可以被隐藏。包括组、组件、辅助物体、坐标轴、图像、剖切面、文字、尺寸标注。SketchUp 提供了一系列的方法来控制物体的显示。

- 编辑菜单：用选择工具选中要隐藏的物体，然后选择编辑菜单中的"隐藏"命令。相关命令还有：选定项、最后、全部。
- 关联菜单：在模型上单击鼠标右键，在弹出的关联菜单中选择显示或隐藏。
- 删除工具：使用删除工具的同时按住 Shift 键，可以将边线隐藏。
- 图元信息：每个模型的"图元信息"对话框中都有一个隐藏复选框。在模型上单击鼠标右键，在弹出的关联菜单中选择"图元信息"命令，在打开的"图元信息"对话框中即可设置隐藏复选框。

3. 隐藏绘图坐标轴

SketchUp 的绘图坐标轴是绘图辅助物体，不能像几何实体那样选择隐藏。要隐藏坐标轴，可以在视图菜单中取消"坐标轴"。用户也可以在坐标轴上单击鼠标右键，在关联菜单中选择"隐藏"。

4. 隐藏剖切面

剖切面的显示和隐藏是全局控制。可使用剖面工具栏或工具菜单来控制所有剖切面的显示和隐藏。

5. 隐藏图层

用户可以同时显示和隐藏一个图层中的所有几何体，这是操作复杂几何体的有效方法。图层的可视控制位于图层管理器中。

首先，在窗口菜单中选择"图层"命令，打开图层管理器，或者单击图层工具栏上的图层管理器按钮，然后单击图层的"可见"栏，则该图层中的所有几何体就从绘图窗口中消失了。

自己练 PRACTICE YOURSELF

■ 项目练习1：设置天空颜色

操作要领：

（1）选择"窗口"|"默认面板"|"风格"命令。
（2）在"风格"面板中的"背景设置"选项卡中设置背景颜色，如图2-105、图2-106所示。

图纸展示：

图 2-105　原始场景天空　　　　　　　　图 2-106　蓝色天空

■ 项目练习2：设置手绘效果

操作要领：

（1）打开"风格"面板，从中设置天空颜色和背景颜色都为白色，如图2-107所示。
（2）设置边线样式，选中"深粗线""出头""端点""抖动"复选框，再设置显示样式为隐藏线模式，如图2-108所示。

图纸展示：

图 2-107　原始场景效果　　　　　　　　图 2-108　手绘效果

CHAPTER 03

制作基础模型——
绘图工具与编辑工具的应用

本章概述 SUMMARY

SketchUp具有两个特点：一是精确性，可以直接以数值定位，进行绘图捕捉；二是工业制图性，拥有三维的尺寸与文本标注。本章将主要介绍使用SketchUp的常用工具，其中包括绘图工具、编辑工具、删除工具、建筑施工工具等，只有熟悉并掌握这些工具才能绘制出完美的图形。

■ 要点难点

绘图工具的使用　★★★
编辑工具的使用　★★★
建筑施工工具的使用　★★☆

树池

跟我学 LEARN WITH ME

■ 制作树池模型

案例描述：在使用 SketchUp 制作园林效果图时，要注意场地分析、CAD 底图导入、模型的创建、色彩和材质的选取等。现在以制作树池模型为例。

制作过程

下面将以创建树池模型为例，对如何使用绘图工具与编辑工具展开介绍。

01 激活"矩形"工具，绘制尺寸为 2400mm×2400mm 的矩形，如图 3-1 所示。

02 激活"推/拉"工具，将矩形向上推出 450mm 的厚度，成为一个长方体，如图 3-2 所示。

图 3-1 绘制矩形

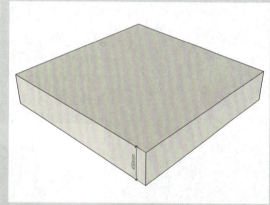

图 3-2 推拉矩形

03 激活"偏移"工具，将上方的边线向内偏移 400mm，如图 3-3 所示。

04 激活"移动"工具，选择上方边线，按住 Ctrl 键向下进行复制，移动距离分别为 50mm、90mm，如图 3-4 所示。

05 激活"推/拉"工具，将 90mm 高度的面向内推进 20mm，如图 3-5 所示。

06 激活"圆弧"工具，利用两点画弧的方法绘制直径为 40mm 的圆弧，使其成为一个半圆的面，如图 3-6 所示。

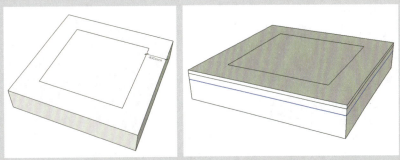

图 3-3 偏移边线　　　　　图 3-4 复制边线

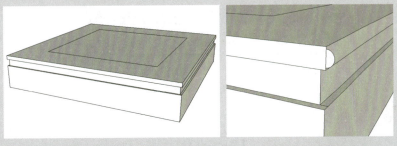

图 3-5 推拉造型　　　　　图 3-6 绘制半圆

07 激活"路径跟随"工具,选择半圆,沿顶部的边线一圈制作出造型,如图 3-7 所示。

08 激活"推/拉"工具,向下推出 100mm 的深度,如图 3-8 所示。

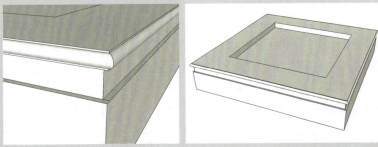

图 3-7 路径跟随　　　　　图 3-8 推拉造型

09 添加树木模型及草皮材质,树池效果如图 3-9 所示。

图 3-9 树池效果

听我讲 LISTEN TO ME

3.1 绘图工具

SketchUp 的"绘图"工具栏如图 3-10 所示,包含矩形、直线、圆形、圆弧、多边形和手绘线 6 种二维图形绘制工具。

图 3-10 "绘图"工具栏

3.1.1 矩形工具

矩形工具通过定位两个对角点来绘制规则的平面矩形,并且自动封闭成一个面。单击"绘图"工具栏中的"矩形"按钮或者选择"绘图"|"矩形"命令均可启动该命令。

1. 绘制一个矩形

矩形使用频率很高。在各大三维建筑设计软件中,长方形房间大多都是先使用矩形工具绘制出一个矩形的二维形体,然后再拉伸成三维模型。绘制一个矩形的操作步骤如下。

01 单击"绘图"工具栏中的"矩形"按钮,此时光标会变成一个带着矩形的铅笔图标✏。

02 单击鼠标左键确定矩形的第一个角点,然后拖动鼠标至所需要的矩形的对角点上,如图 3-11 所示。

03 在矩形的对角点位置单击,即可完成矩形的绘制,这时 SketchUp 将这四条位于同一平面的直线直接转换成了另一个基本的绘图单位——面,如图 3-12 所示。

在绘制矩形时,如果长宽比满足黄金分割比例,则在拖动鼠标定位时会在矩形中出现一条虚线表示的对角线,在鼠标指针旁会出现"黄金分割"的文字提示,如图 3-13 所示,此时绘制的矩形满足黄金分割比是最协调的。如果长度宽度相同,矩形中同样会出现一条虚线的对角线,鼠标指针旁会出现"正方形"的文字提示,这时矩形为正方形,如图 3-14 所示。

> **绘图技巧**
>
> 在创建二维图形时,SketchUp 自动将封闭的二维图形生成等大的面,此时用户可以选择并删除自动生成的面。当绘制的"矩形"长宽比接近 0.618 的黄金分割比例时,矩形内部将会出现一条对角的虚线,这时单击鼠标左键确认对角点,即可创建出满足黄金分割比的矩形。

制作基础模型——绘图工具与编辑工具的应用

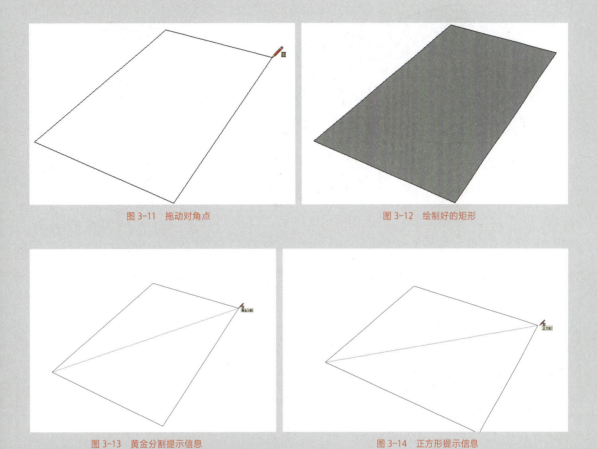

图 3-11 拖动对角点　　　　　　　　　图 3-12 绘制好的矩形

图 3-13 黄金分割提示信息　　　　　　图 3-14 正方形提示信息

用户还可以使用输入具体尺寸的方法来绘制矩形，操作步骤如下。

01 激活矩形工具，在视图区定位矩形的第一个角点。

02 在屏幕上拖动鼠标，定位第二个角点，可以看到屏幕右下角的数值控制栏出现"尺寸"字样，表明此时可以输入需要的矩形尺寸，如图 3-15 所示。

03 输入矩形的长度和宽度，这里输入"3000mm，2000mm"，按 Enter 键即可完成矩形的绘制，如图 3-16 所示。

图 3-15 设置矩形尺寸

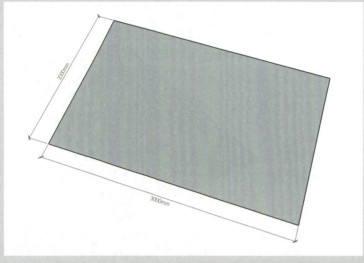

图 3-16 完成矩形的绘制

> **绘图技巧**
>
> 在数值控制栏中输入精确的尺寸来作图,是 SketchUp 建立模型最重要的手法之一。例如,本案例中绘制的 3000mm×2000mm 的矩形实际就是一个 3m 长、2m 宽的小房间,利用"推/拉"工具将矩形向上拉伸 3m,就完成了一个基本房间模型的创建。

2. 在已有的平面上绘制矩形

下面介绍如何在已有的平面上绘制矩形。在一个长方体的一个面上绘制矩形,操作步骤如下。

01 单击"绘图"工具栏中的"矩形"按钮,激活"矩形"工具。

02 将光标放在长方体的一个面上,当光标旁边出现"在平面上"的提示文字时,单击鼠标左键,确定矩形的第一个角点,拖动鼠标,此时图形在长方体的面上,如图 3-17 所示。

03 确定好另一对角点,单击鼠标左键即可完成矩形的绘制,这时可以观察到矩形的一个面被分为了两个面,如图 3-18 所示。

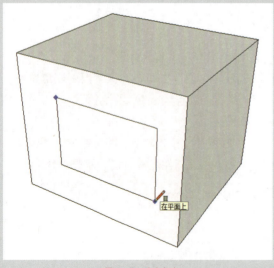

图 3-17 确定角点

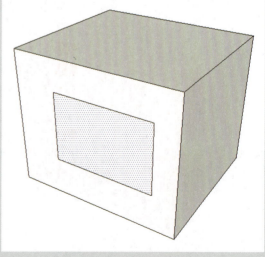

图 3-18 在面上绘制矩形

3. 绘制非 XY 平面的矩形

在默认情况下,矩形的绘制是在 XY 平面中,这与大多数三维软件的操作方法一致。下面来介绍如何将矩形绘制到 XZ 或者 YZ 平面中,操作步骤如下。

01 激活"矩形"工具,定位矩形的第一个角点。

02 拖动鼠标,定位矩形的另一个对角点,注意此时在非 XY 的平面中定位。

03 找到正确的定位方向后,按住 Shift 键不放以锁定鼠标的移动轨迹,如图 3-19 所示。

> **绘图技巧**
>
> 在原有的面上绘制矩形可以完成对面的分割,这样做的好处是在分割之后的任意一个面上都可以进行三维操作,这种绘图方法在建模中经常用到。

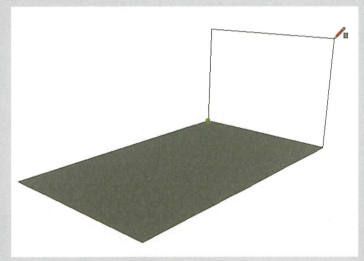

图 3-19 锁定鼠标移动轨迹

04 在需要的位置再次单击鼠标,完成此次 XZ 平面上矩形的绘制,可以看到在 XZ 平面上形成了一个面,如图 3-20 所示。

> **绘图技巧**
>
> 在绘制非 XY 平面的矩形时,第二个对角点的定位非常困难,这时需要转换三维视图,以达到一个较好的观测角度。

图 3-20 完成平面的绘制

3.1.2 直线工具

直线工具可以用来画单段直线、多段连接线或者闭合的形体，也可以用来分割表面或修复被删除的表面，可以直接输入尺寸和坐标点，并有自动捕捉功能和自动追踪功能。

1. 绘制一条直线

激活"直线"工具，单击确定直线的起点，并向画线方向移动鼠标，此时在数值控制框中会动态显示线段的长度。用户可以在确定线段终点之前或画好线后，输入一个精确的线段长度，也可以单击线段起点后移动鼠标，在线段终点处再次单击，绘制一条直线。

2. 创建面

三条以上的共面线段首尾相连，且在同一个平面上，即可创建一个面。必须确定所有的线段都是首尾相连，在线段闭合时可以看到"端点"的提示，如图 3-21 所示。创建完一个表面后，直线工具仍处于激活状态，此时可以继续绘制别的线段，如图 3-22 所示。

> **绘图技巧**
>
> 在线段的绘制过程中，确定线段终点后按下 Esc 键，即可完成此次线段的绘制。否则会开始下一线段的绘制，上一条线段的终点即为下一条线段的起点。

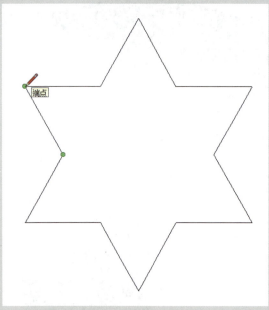

图 3-21　绘制闭合的线段　　　　　图 3-22　完成面的绘制

3. 分割线段

如果用户在一条线段上绘制直线，SketchUp 会自动将原来的线段在新制的直线起点处断开。例如，如果要将一条线分为两段，就以该线上的任意位置为起点，绘制一条新的直线，再次选择原来的线段，该线段被分为两段，如图 3-23、图 3-24 所示。如果将新绘制的线段删除，则已有线段又重新恢复成一条完整的线段。

> **绘图技巧**
>
> 在许多情况下，封闭直线并没有生成面，这时就需要人为的手工补线。补线的目的实际上就是向系统确认边界。

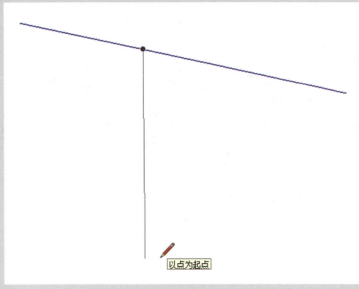

图 3-23 选择起点

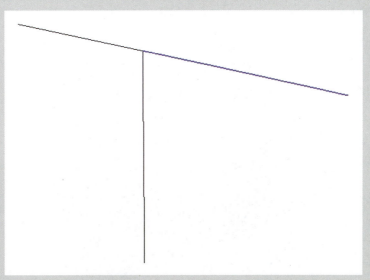

图 3-24 绘制直线

4. 分割平面

在 SketchUp 中，可以通过绘制一条起点和端点都在平面边线上的直线来分割该平面，在已有平面的一条边上选择单击一个点作为直线的起点，再向另一条边上拖动鼠标，选择终点，单击鼠标完成直线的绘制，可以看到已有平面变成两个，如图 3-25、图 3-26 所示。

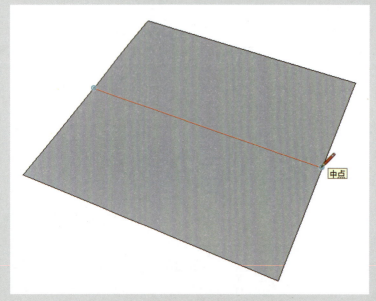

图 3-25 分割平面

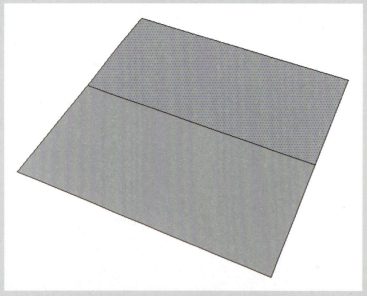

图 3-26 分割结果

有时候，交叉线不能按照用户的需要进行分割。在打开轮廓线的情况下，所有不是周长的线都会显示为较粗的线。如果出现此情况，用直线工具在该线上绘制一条新的线来进行分割，SketchUp 就会重新分析几何图形并重新整合此线。

5. 通过输入长度绘制直线

在实际工作中，经常需要绘制长度精确的线段，这时可以通过输

制作基础模型——绘图工具与编辑工具的应用

入数值的方式来完成这类线段的绘制。激活"直线"工具,待光标变成 时,在绘图区单击确定线段的起点。拖动鼠标移至线段的目标方向,然后在数值控制栏中输入线段长度,按 Enter 键确定,再按 Esc 键即可完成该线段的绘制。

6. 绘制与 X、Y、Z 轴平行的直线

在实际操作中,绘制正交直线,即与 X、Y、Z 轴平行的直线更有意义,因为不管是建筑设计还是室内设计,根据施工的要求,墙线、轮廓线和门窗线基本上都是相互垂直的。

激活"直线"工具,在绘图区选择一点,单击以确认直线的起始点。移动光标以对齐 Z 轴,当与 Z 轴平行时,光标旁边会出现"在蓝色轴线上"的提示字样,如图 3-27 所示。当与 X 轴平行时,光标旁边会出现"在红色轴线上"的提示字样,如图 3-28 所示。当与 Y 轴平行时,光标旁边会出现"在绿色轴线上"的提示字样,如图 3-29 所示。

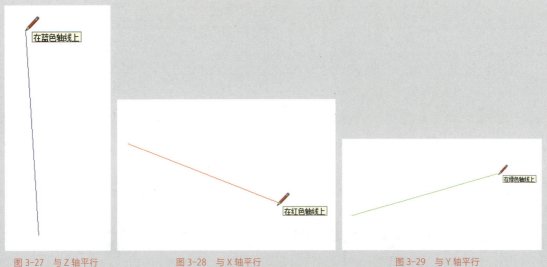

图 3-27 与 Z 轴平行　　　　　图 3-28 与 X 轴平行　　　　　图 3-29 与 Y 轴平行

7. 直线的捕捉与追踪功能

与 AutoCAD 相比,SketchUp 的捕捉与追踪功能更易操作。在绘制直线时,多数情况下都需要使用到捕捉功能。

所谓捕捉就是在定位点时,自动定位到特殊点的绘图模式。SketchUp 自动开启 3 类捕捉功能,即端点捕捉、中点捕捉和交点捕捉,如图 3-30 所示。在绘制集合物体时,光标只要遇到这三类特殊的点,就会自动捕捉到,这是软件精确作图的表现之一。

 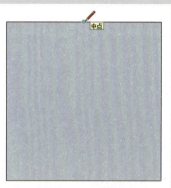 

图 3-30 捕捉定位示意图

8. 参考锁定

有时候，SketchUp 不能捕捉到用户需要的对齐参考点。捕捉的参考点可能受到别的几何体的干扰。这时，可以按住 Shift 键来锁定需要的参考点。例如，将鼠标移动到一个面上，在显示出"在表面上"的工具提示后，按住 Shift 键，则以后所绘制的线都会锁定在该表面所在的平面上。

> **绘图技巧**
>
> SketchUp 的捕捉与追踪功能是自动开启的，在实际工作中，精确作图的每一步可以输入数值，或使用捕捉功能。

9. 等分线段

SketchUp 中的线段可以等分为若干段。在线段上单击鼠标右键，在关联菜单中选择"拆分"选项，如图 3-31 所示，在线段上移动鼠标，系统会自动计算分段数量以及长度，如图 3-32 所示。

图 3-31 选择"拆分"选项

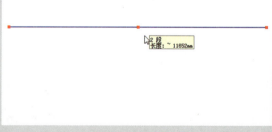

图 3-32 等分线段结果

3.1.3 圆工具

在 SketchUp 中，圆工具可以用来绘制圆形以及生成圆形的"面"，操作步骤如下。

01 激活"圆"工具，此时光标会变成一支带圆圈的铅笔。

02 在绘图区选择一点作为圆心单击鼠标，移动光标绘制圆的半径，如图 3-33 所示。

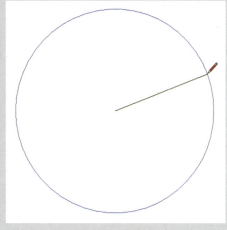

图 3-33　绘制半径

> **绘图技巧**
>
> 一般来说，不用去修改圆的片段数，使用默认值即可。如果片段数过多，会引起面的增加，这样会使场景的显示速度变慢。在将 SketchUp 模型导入到 3ds max 中时尽量减少场景中的圆形，因为导入到 3ds max 中会产生大量的三角面，在渲染时会占用大量的系统资源。

03 确定半径长度后再次单击鼠标，完成圆的绘制，自动形成圆形的"面"，如图 3-34 所示。

图 3-34　绘制圆面

在 SketchUp 中，圆形实际上是由正多边形所组成的，操作时并不明显，但是当导入到其他软件后就会发现。所以在 SketchUp 中绘制圆形时可以调整圆的片段数（即多边形的边数）。在激活"圆"工具后，在数值控制栏中输入片段数"s"，如"8s"表示片段数为 8，也就是此圆用正八边形来显示，"16s"表示正十六边形，然后再绘制圆形。要注意，尽量不要使用片段数低于 16 的圆。

3.1.4　圆弧工具

圆弧工具用于绘制圆弧实体，和圆一样，都是由多个直线段连接而成的，可以像圆弧曲线那样进行编辑，是圆的一部分。SketchUp 中有四种绘制圆弧的方式，分别是圆心画弧、两点画弧、三点画弧以及圆心画扇形。

1. 指定圆心绘制圆弧

该方法是通过指定圆弧的圆心、半径以及角度来绘制圆弧。

01 激活"圆弧"工具，此时光标变成一支带圆弧的铅笔，且笔尖位置会出现一个量角器图案，如图 3-35 所示。

02 单击鼠标确定圆心，再移动光标，指定圆弧半径，如图 3-36 所示。

图 3-35　指定圆心

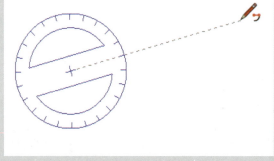

图 3-36　指定圆弧半径

03 确定半径后继续移动光标，指定圆弧角度，如图 3-37 所示。

04 选择好需要的位置单击鼠标，即可完成圆弧的创建，如图 3-38 所示。

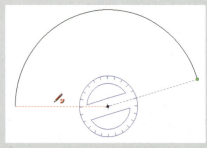

图 3-37　指定圆弧角度

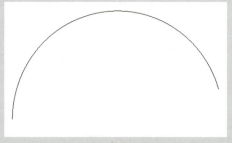

图 3-38　绘制完毕

2. 绘制半圆

利用两点画弧的方式绘制圆弧，调整圆弧的凸出距离，圆弧会临时捕捉到半圆的参考点。如图 3-39 所示。

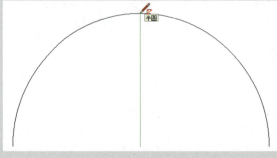

图 3-39　绘制半圆

3. 绘制相切的圆弧

从开放的边线端点开始画圆弧,在选择圆弧的第二点时,圆弧工具会显示一条青色的切线圆弧。点取第二点后,移动鼠标打破切线参考并自动设置凸距。如果要保留切线圆弧,只要在点取第二点后不要移动鼠标,并再次单击即可,如图 3-40 所示。

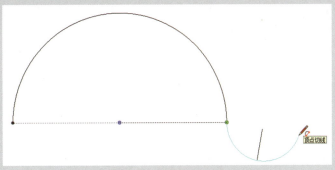

图 3-40 绘制相切的圆弧

绘图技巧

圆心画扇形和圆心画弧的操作方法相同,仅绘制结果不同,圆心画扇形的结果是一个面,而圆心画弧的结果是一条弧线,如图 3-41、图 3-42 所示。

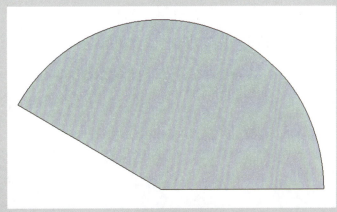

图 3-41 圆心画扇形

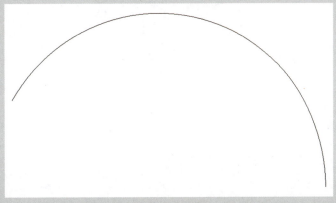

图 3-42 圆心画弧

3.1.5 多边形工具

在 SketchUp 中使用多边形工具可以创建边数大于 3 的正多边形。圆与圆弧都是由正多边形组成的,所以边数较多的正多边形基本上会显示成圆形,如图 3-43、图 3-44 所示分别为边数为 10mm 和 50mm 的多边形。

> **绘图技巧**
>
> 当边数达到一定的数量后,多边形与圆形就没有什么区别了。这种弧形模型构成的方式与 3ds max 是一致的。

图 3-43　边数为 10mm 的多边形　　图 3-44　边数为 50mm 的多边形

3.1.6 手绘线工具

手绘线工具常用来绘制不规则的、共面的曲线形体。曲线图元由多条连接在一起的线段构成,这些曲线可作为单一的线条,用于定义和分割平面,但它们也具有连接性,选择其中一段即选择了整个图元。单击"手绘线"工具,在视窗中的一点单击并按住鼠标左键不放,移动光标,绘制所需要的曲线,绘制完毕后释放鼠标即可,如图 3-45 所示。

图 3-45　"手绘线"工具的应用

> **绘图技巧**
>
> 一般情况下很少用到"手绘线"工具,因为这个工具绘制曲线的随意性比较强,难以掌握。建议先在 AutoCAD 中绘制完成,再导入到 SketchUp 中进行操作。将 AutoCAD 文件导入到 SketchUp 的方法在本书后面的章节中将有介绍。

3.2　编辑工具

SketchUp 的编辑工具栏包含移动、推/拉、旋转、路径跟随、缩放以及偏移 6 种工具,如图 3-46 所示。其中"移动""旋转""缩放"

制作基础模型——绘图工具与编辑工具的应用

以及"偏移"4个工具是用于对对象位置、形态的变换与复制,而"推/拉"和"路径跟随"两个工具主要用于将二维图形转换成三维实体。

图 3-46 "编辑"工具栏

绘图技巧

在作图时,往往会使用精确距离的移动,在移动图形时,按 Shift 键锁定移动方向后,就可以在数值控制栏中输入需要移动的距离,按 Enter 键确定,这时图形就会按照设定距离进行精确的移动。

3.2.1 移动工具

在 SketchUp 中移动工具可用来移动、拉伸及复制几何图形。

1. 移动物体

选取图形后,再激活移动工具,即可对图形进行移动操作。

2. 复制物体

移动工具还可以用于创建排列副本。下面以复制 3 个立方体,相互之间的距离为 200mm 为例来介绍如何复制物体,操作步骤如下。

01 打开素材文件,如图 3-47 所示。

02 选择其中一个模型,激活"移动"工具,鼠标指针会变成移动图标,如图 3-48 所示。

图 3-47 素材文件

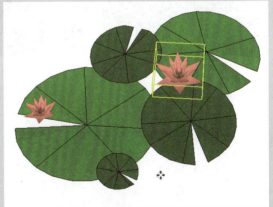

图 3-48 激活"移动"工具

03 按住 Ctrl 键不放,可以看到移动图标旁边多出了一个"+",单击鼠标,确定复制基点并移动光标到复制目标点,如图 3-49 所示。

04 释放鼠标并按空格键激活"选择"工具,即可完成复制操作,如图 3-50 所示。

图 3-49 移动并复制

图 3-50 复制图形

05 按照上述操作方法，继续复制其他模型对象，如图 3-51 所示。

图 3-51 复制效果

3.2.2 旋转工具

旋转工具用于旋转对象，可以对单个物体或多个物体进行旋转，也可对物体中的某一个部分进行旋转，还可以在旋转时对物体进行复制。

1. 旋转对象

01 打开素材文件，观察模型所在位置及投影方向，如图 3-52 所示。

02 选择模型并激活"旋转"工具，捕捉坐标轴原点并以此为旋转基点，再沿绿色轴线移动光标，如图 3-53 所示。

> **绘图技巧**
>
> 这种配合 Ctrl 键来复制物体的方法经常会用到。除此之外，使用工具栏中的 ✂ 📋 📄（剪切、复制、粘贴）三个功能同样可以进行复制，这三个功能按钮的操作方法与 Windows 的操作方法一致。但由于这种粘贴复制无法达到精确作图的目的，所以很少用到，这里读者可以自行练习。

制作基础模型——绘图工具与编辑工具的应用

图 3-52　素材文件

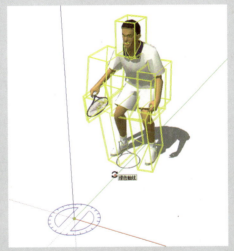

图 3-53　沿绿色轴线移动光标

03 在绿色轴线上单击鼠标，再沿红色轴线移动光标，如图 3-54 所示。

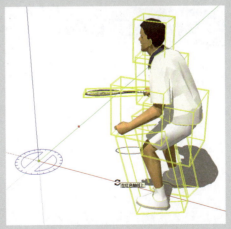

图 3-54　沿红色轴线上移动光标

04 在红色轴线上任意位置单击鼠标,完成旋转操作,如图3-55所示。

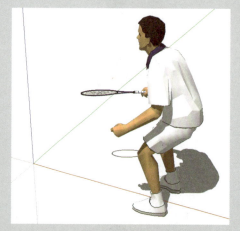

图 3-55 完成旋转

> **绘图技巧**
>
> 可以在旋转时根据需要在屏幕右下角的数值控制框中输入物体旋转的角度,再按Enter键,以达到精确作图的目的。角度值为正表示按照顺时针旋转,角度值为负表示按照逆时针旋转。

2. 旋转对象的部分模型

除了对整个模型对象进行旋转外,还可以对已经分割好的模型进行部分旋转,操作步骤如下。

01 激活"旋转"工具,确定好旋转平面、轴心点与轴心线,如图3-56所示。

02 移动光标进行旋转,或者直接输入旋转角度,按Enter键确定,完成一次旋转,如图3-57所示。

图 3-56 确定旋转对象

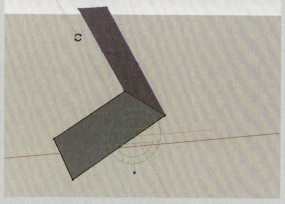

图 3-57 移动光标

03 再次选择一个平面,按照上述操作步骤进行旋转,完成操作,如图3-58所示。

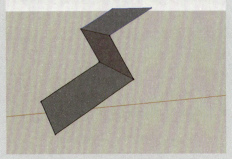

图 3-58　完成旋转

3. 旋转复制对象

旋转时复制物体的操作步骤如下。

01 选择需要旋转复制的对象,激活"旋转"工具。

02 当光标变成量角器时,选择轴心点并单击鼠标,这里以坐标轴原点为轴心点,再设置轴心线,如图 3-59 所示。

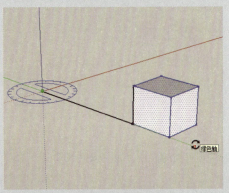

图 3-59　设置轴心线

03 按住 Ctrl 键不放,移动光标至需要的位置,如图 3-60 所示。

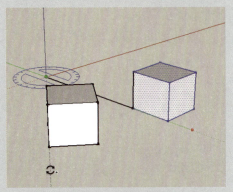

图 3-60　移动光标

04 单击鼠标,完成一个物体的旋转复制。接着在屏幕右下角的数值控制栏中输入 4,表明以这个旋转角度复制出 4 个物体,按 Enter 键确认,即可看到场景中除了原有物体,还有 4 个复制出的物体,如图 3-61 所示。

如果将复制的物体旋转到指定的位置上,如图 3-62 所示,并在数值控制栏中输入 5,则表明共复制 5 个物体,并且在原物体和新物体之间以四等分排列,这就是等分旋转复制,如图 3-63 所示。

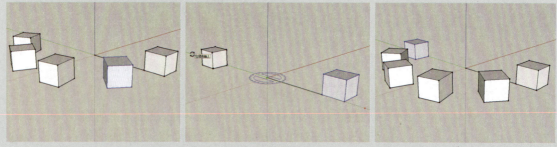

图 3-61 复制物体　　　　　图 3-62 指定复制位置　　　　　图 3-63 复制结果

3.2.3 缩放工具

"缩放"工具主要用于对物体进行放大或缩小,可以是在 X、Y、Z 这三个轴上同时进行等比缩放,也可以是锁定任意两个或单个轴向的非等比缩放。

1. 二维对象的缩放

选择需要进行缩放的二维对象,激活"缩放"工具,二维对象上会出现黄色矩形控制框和 8 个绿色控制点,分别调节这 8 个控制点,可以实现对二维对象的等比和非等比缩放,如图 3-64 所示。

> **绘图技巧**
>
> 在旋转定位旋转轴时,有时会比较困难,这时可以适当地调整视窗以方便观察与作图,如果量角器的角度正确了,可以按住 Shift 键不放,以锁定方向。

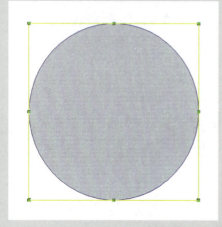 

图 3-64 缩放二维对象

2. 三维对象的缩放

三维对象的操作与二维对象的操作基本相同，不同的是三维对象的缩放控制点较二维对象复杂，并且三维对象可进行缩放的轴向比二维对象多。

激活"缩放"工具后，三维对象上会出现黄色矩形控制框和 26 个绿色控制点。如果将长方体的每个表面看作一个二维平面的话，那么这些平面上的点与二维对象的控制点基本相同，不过在每个面的中心还有一个控制点，也就是说长方体的每个面上有 9 个控制点，利用这些控制点可以实现对三维对象的等比和非等比缩放。

对三维物体等比缩放的操作方法如下。

01 选择需要缩放的物体，激活"缩放"工具，此时光标会变成缩放箭头，三维物体被缩放栅格所围绕，如图 3-65 所示。

> **绘图技巧**
>
> 需要注意的是，即使三维对象不是长方体，其缩放框仍然是长方体线框。黄色缩放框每个面上有 9 个控制点，总数为 26 个保持不变。

图 3-65　选择缩放对象

02 将光标移动到对角点处，此时光标处会提示"统一调整比例：在对角点附近"的字样，表明此时的缩放为 X、Y、Z 这 3 个轴向同时进行的等比缩放，如图 3-66 所示。

图 3-66　等比缩放

> **绘图技巧**
>
> 用户可以在缩放时根据需要在屏幕右下角的数值控制栏中输入缩放比例，即可达到精确缩放。比例小于 1 为缩小，大于 1 为放大。

03 单击鼠标左键并按住不放，拖动光标，向下移动是缩小，向上移动是放大，当物体缩放到需要的大小时释放鼠标，结束缩放操作。

对三维物体锁定 YZ 轴（绿/蓝色轴）的非等比缩放的操作如图 3-67 所示。

对三维物体锁定 XZ 轴（红/蓝色轴）的非等比缩放的操作如图 3-68 所示。

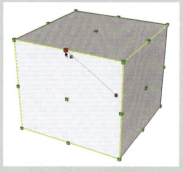 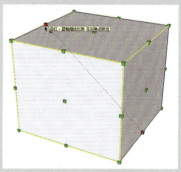

图 3-67　锁定 YZ 轴非等比缩放　　　图 3-68　锁定 XZ 轴非等比缩放

对三维物体锁定 XY 轴（红/绿色轴）的非等比缩放的操作如图 3-69 所示。

对三维物体锁定单个轴向（以绿色轴为例）的非等比缩放的操作如图 3-70 示。

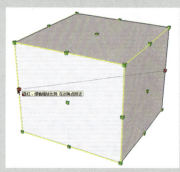 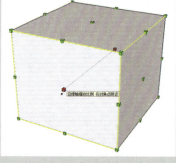

图 3-69　锁定 XY 轴非等比缩放　　　图 3-70　锁定单个轴向非等比缩放

> **绘图技巧**
>
> 在屏幕右下角数值控制栏中输入比例时，如果数值是负值，此时物体不但要被缩放，而且还会被镜像。

3.2.4　偏移工具

偏移工具可以将在同一平面中的线段或者面域沿着一个方向偏移一个统一的距离，并复制出一个新的物体。偏移的对象可以是面域、两条或两条以上首尾相接的线形物体集合、圆弧、圆或者多边形。

1. 面的偏移复制

01 选择需要偏移的面域，激活"偏移"工具，此时光标变成两条平行的圆弧 。

02 单击鼠标左键并按住不放，移动光标，可以看到面域随着光标的移动发生偏移，如图 3-71 所示。

03 当移动到需要的位置时释放鼠标，可以看到面域中又创建了一个长方形，并且由原来的一个面域变成了两个，如图 3-72 所示。

> **绘图技巧**
>
> 在实际操作中，可以在偏移时根据需要在数值控制栏中输入物体偏移的距离，按 Enter 键，可完成精确偏移。

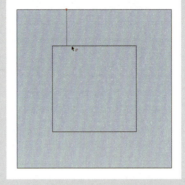 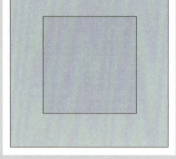

图 3-71　移动光标　　　　　图 3-72　偏移复制结果

"偏移"工具对于任意造型的面均可以进行偏移操作，如图 3-73 所示。

> **绘图技巧**
>
> 在实际操作中，面域偏移的操作要远远多于对线形物体偏移的操作，这主要是因为 SketchUp 是以"面"建模为核心的。

图 3-73　偏移任意造型的面

2. 线段的偏移复制

"偏移"工具无法对单独的线段以及交叉的线段进行偏移复制，当光标放置在这两种线段上时，光标的图案会变成 ，并会出现提示，如图 3-74 所示。

图 3-74　对交叉线段进行偏移

对于多条线段组成的转折线、弧线以及线段与弧线组成的线形，均可以进行偏移复制操作，如图 3-75 所示。其具体操作方法与面的操作类似，这里不再赘述。

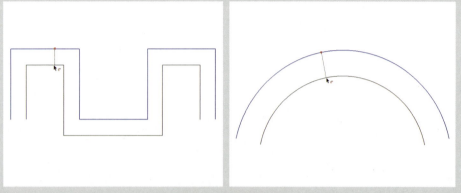

图 3-75　对弧线进行偏移

3.2.5　推 / 拉工具

"推 / 拉"工具是二维平面生成三维实体模型最为常用的工具，该工具可以将面拉伸成体。操作步骤如下。

01 激活"推 / 拉"工具，将鼠标移动到已有的面上，此时显示为被选择状态，如图 3-76 所示。

02 单击鼠标左键并按住不放，拖动光标，已有的面会随着光标的移动转换为三维实体模型，如图 3-77 所示。

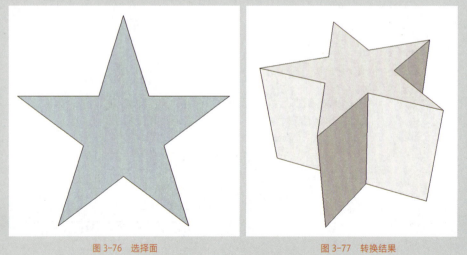

图 3-76　选择面　　　　　　　　图 3-77　转换结果

此外，还可以对所有面的物体进行推拉，或是改变体块的体积大小，只要是面就可以使用"推 / 拉"工具来改变其形态、体积，如图 3-78 所示。

制作基础模型——绘图工具与编辑工具的应用

> **绘图技巧**
>
> 如果多个面的推拉深度相同，则在完成其中某一个面的推拉之后，使用"推/拉"工具在其他面上直接双击左键即可快速完成相同的操作。

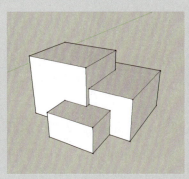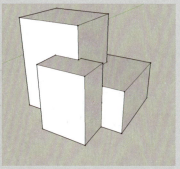

图 3-78　推/拉工具的应用

3.2.6　路径跟随工具

路径跟随工具是指将一个界面沿着某一指定线路进行拉伸的建模方式，与 3ds max 的放样命令有些相似，是一种很传统的从二维到三维的建模工具。

1. 面与线的应用

使一个面沿着某一指定的曲线路径进行拉伸，操作步骤如下。

01 激活"路径跟随"工具，根据状态栏的提示用鼠标单击截面，选择拉伸面，如图 3-79 所示。

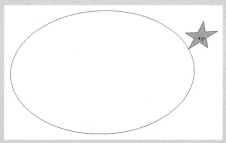

图 3-79　选择拉伸面

02 再将光标移动到作为拉伸路径的曲线上，光标随着曲线移动，截面也会随着形成三维模型，如图 3-80 所示。

图 3-80　制作效果

2. 面与面的应用

使用"跟随路径"工具也可以使一个面沿着另一个面的路径进行拉伸，操作步骤如下。

01 绘制圆形平面与三角形平面，并相互垂直，激活"路径跟随"工具，用鼠标单击三角形平面，如图3-81所示。

02 待光标变成 时，将其移动到圆形平面边缘，跟随其捕捉一周，如图3-82所示。

03 光标捕捉一周后，单击鼠标左键，完成圆锥体模型的创建，如图3-83所示。

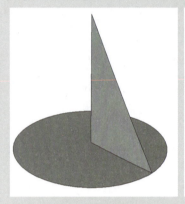

图3-81　选择平面　　　　　图3-82　绘制图形　　　　　图3-83　创建圆锥体

3. 实体上的应用

利用"路径跟随"工具，还可以在实体模型上直接制作出边角细节，操作步骤如下。

01 在实体表面绘制好柱脚轮廓截面，如图3-84所示。

02 激活"路径跟随"工具，单击鼠标选择轮廓截面，此时出现参考的轮廓线，如图3-85所示。

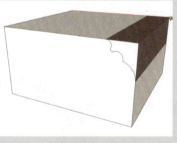

图3-84　绘制轮廓　　　　　图3-85　选择轮廓截面

03 移动光标，绕顶面一周，回到原点，如图3-86所示。

04 单击鼠标左键，完成柱脚模型的创建，如图3-87所示。

制作基础模型——绘图工具与编辑工具的应用

图 3-86　绘制图形　　　　　　图 3-87　绘制结果

3.3　删除工具

在 SketchUp 软件中，可以使用选择工具选择需要删除的线或面，再按 Delete 键进行删除。此外，SketchUp 软件还拥有自己的删除工具。

1. 删除边

使用擦除工具删除边的方式有两种：

一种是点选删除，点选删除就是使用擦除工具进行删除，在需要删除的边上单击鼠标将之删除，使用这种方法一次只能删除一条边，如图 3-88 所示。

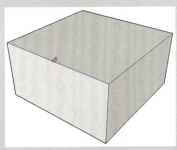

图 3-88　删除一条边

绘图技巧

删除了几何体的边之后，与边相连的面也会随之被删除。在使用拖曳删除方法时，鼠标移动的速度不要过快，否则会使需要删除的边没有被选择上，从而影响操作效果和质量。

另外一种是拖曳删除，即按住鼠标左键不放，拖曳鼠标，凡是被擦除工具滑过并变成蓝色的边，在释放鼠标后都会被删除，使用这种方法一次可以删除多条边，如图 3-89 所示。

图 3-89　删除多条边

2. 柔化、硬化和隐藏边

使用擦除工具除了可以进行边线的删除操作以外，还可以配合键盘上的按键对边线进行柔化、硬化及隐藏处理。

以一个长方体为例，激活擦除工具，选择长方体的一条边，如图3-90所示。

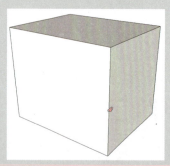

图 3-90 选择边

按住 Ctrl 键，同时单击该边线，可将边线软化，没有明暗的区分，如图 3-91 所示。同时按住 Shift 键和 Ctrl 键，单击被柔化的边线位置，可将边线硬化，如图 3-92 所示。按住 Shift 键，单击该边线，即可将该边线隐藏，但仍然可以分出明暗面，如图 3-93 所示。

图 3-91 柔化边　　　　图 3-92 硬化边　　　　图 3-93 隐藏边

此外，还可在模型上单击鼠标右键，在弹出的快捷菜单中选择"柔化/平滑边线"选项，在打开的"柔化边线"设置面板中同样可以进行柔化边线的操作。

3.4 建筑施工工具

SketchUp 建模可以达到很高的精确度，主要得益于功能强大的"建筑施工"工具。"建筑施工"工具栏包括卷尺、尺寸、量角器、文本、轴及三维文字 6 种工具，如图 3-94 所示。其中"卷尺"与"量角器"工具主要用于尺寸与角度的精确测量与辅助定位，其他工具则用于进行各种标识与文字创建。

制作基础模型——绘图工具与编辑工具的应用

图 3-94 "建筑施工"工具栏

3.4.1 卷尺工具

"卷尺"工具不仅可以精确地测量距离,还可以制作精准的辅助线。

1. 测量长度

01 打开已有模型,激活"卷尺"工具,当光标变成卷尺 时,单击鼠标,确定测量起点,如图 3-95 所示。

02 拖动鼠标至测量终点,光标旁会显示出距离值字样,在数值控制栏中也可以看到显示的长度值,如图 3-96 所示。

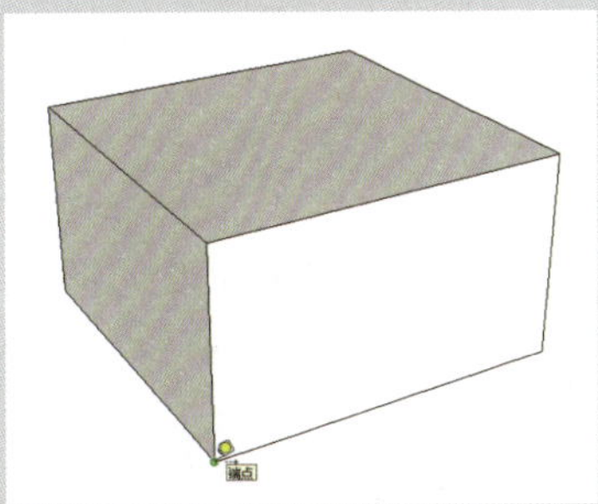

> **绘图技巧**
>
> 如果事先未对单位精度进行设置,那么数值控制栏中显示的测量数值为大约值,这是因为 SketchUp 根据单位精度进行了四舍五入。打开"模型信息"对话框,在"单位"选项卡中可对单位精确度进行设置,如图 3-97 所示。

图 3-95 确定起点 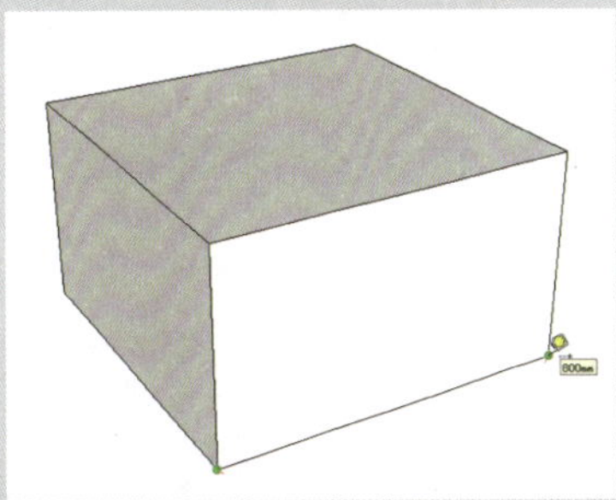　　　图 3-96 查看测量值

03 单击鼠标左键,完成本次测量。

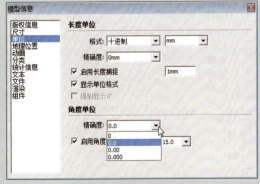

图 3-97 "模型信息"对话框

2. 创建辅助线

"卷尺"工具还可以创建如下两种辅助线:

(1)线段延长线。激活"卷尺"工具后,用光标在需要创建延长线段的端点处开始拖出一条延长线,延长线的长度可以在屏幕右下角的数值控制栏中输入,如图 3-98 所示。

（2）直线偏移辅助线。激活"卷尺"工具后，用光标在偏移辅助线两侧端点外的任意位置单击鼠标，以确定辅助线起点，如图3-99所示。移动光标，就可以看到偏移辅助线随着光标的移动自动出现，如图3-100所示。也可以直接在数值控制栏中输入偏移值。

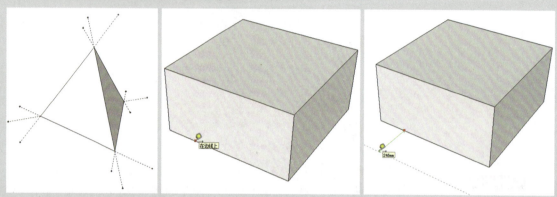

图3-98　线段延长线　　　图3-99　确定起点　　　图3-100　偏移辅助线

3.4.2　尺寸工具

SketchUp 具有十分强大的标注功能，能够创建满足施工要求的尺寸标注，这也是 SketchUp 区别于其他三维软件的一个明显优势。

不论是建筑设计还是室内设计，一般都分为两个阶段，即方案设计阶段和施工图设计阶段。在施工图设计阶段需要绘制施工图，要求有大量详细、精确的标注。与 3ds max 相比，SketchUp 软件的优势是可以绘制施工图，而且是三维施工图。

1. 标注样式的设置

不同类型的图纸对于标注样式有不同的要求，在图纸中进行标注的第一步就是要设置需要的标注样式，可在"模型信息"对话框中的"尺寸"选项卡中设置相关参数，如图3-101所示。

图3-101　"尺寸"选项卡

绘图技巧

场景中常常会出现大量的辅助线，如果是已经不需要的辅助线，可直接删除；如果还需要，可以先将其隐藏起来。选择辅助线，选择"编辑"|"隐藏"命令即可，或者单击鼠标右键，在弹出的快捷菜单中选择"隐藏"命令。

绘图技巧

使用 AutoCAD 绘制建筑施工图和使用 SketchUp 绘制建筑施工图是不一样的。使用 AutoCAD 绘制的建筑施工图是二维的，各类图形要素必须符合国标，而使用 SketchUp 绘制的施工图是三维的，只要便于查看即可。

2. 尺寸标注

SketchUp 的尺寸标注是三维的，其引出点可以是端点、终点、交点以及边线，并可标注三种类型的尺寸：长度标注、半径标注、直径标注。

1）长度标注

激活"尺寸"工具，在长度标注的起点单击鼠标，移动光标到长度标注的终点，再次单击鼠标，即可创建尺寸标注，如图 3-102 所示。

2）半径标注

半径标注主要是针对弧形物体，激活"尺寸"工具，单击鼠标选择弧形，移动光标即可创建半径标注，标注文字中的"R"表示半径，如图 3-102 所示。

3）直径标注

SketchUp 中的直径标注主要是针对圆形物体，激活"尺寸"工具，单击鼠标选择圆形，移动光标即可创建直径标注，标注文字中的"DIA"表示直径，如图 3-102 所示。

> **绘图技巧**
>
> 尺寸标注的数值是系统自动计算的，虽然可以修改，但是一般情况下是不允许的。因为作图时必须按照场景中模型与实际尺寸 1:1 的比例来绘制，这种情况下，要根据绘图尺寸进行标注。
>
> 如果标注时发现模型的尺寸有误，应先对模型进行修改，再重新进行尺寸标注，以确保施工图纸的准确性。

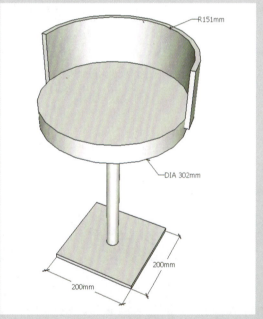

图 3-102 标注信息

■ 3.4.3 量角器工具

"量角器"工具可以用来测量角度，也可以用来创建所需要的角度辅助线。使用"量角器"工具测量角度的操作步骤如下。

01 打开模型，激活"量角器"工具，当鼠标变成 时，单击鼠标，确定目标测量角的顶点，如图 3-103 所示。

02 移动光标，选择目标测量角的任意一条边线，单击鼠标，如图 3-104 所示。

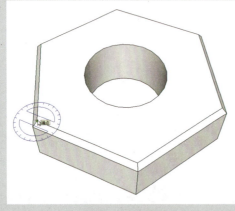
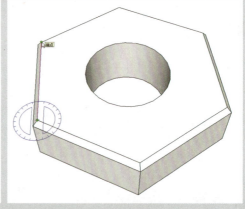

图 3-103　确定测量角　　　　　　图 3-104　选择边线

03 再次移动光标捕捉目标测量角的另一条边线，单击鼠标，如图 3-105 所示。

04 测量完毕后，即可在第二条边线上创建一条辅助线，且数值控制栏中可以看到测量角度，如图 3-106 所示。

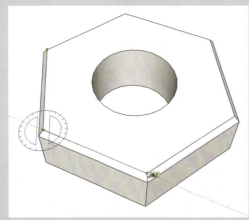

图 3-105　选择另一条边线　　　　图 3-106　查看测量角度

■ 3.4.4　文字工具

"文字"工具用来在模型中插入文字，插入的文字主要有两类，分别是引线对话框中的文字和屏幕文字。在"模型信息"对话框中的"文本"选项卡中可以设置文字和引线的样式，包括屏幕文字、引线文字、引线等，如图 3-107 所示。

制作基础模型——绘图工具与编辑工具的应用

图 3-107 "模型信息"对话框

1. 引线文字

　　激活"文字"工具,在实体上单击并拖动鼠标,拖出引线,在合适的位置单击鼠标,确定文本框位置,输入文字内容即可创建引线文字,如图 3-108、图 3-109 所示。

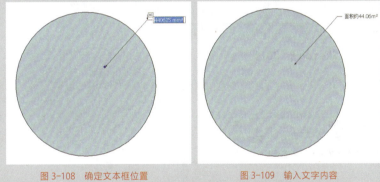

图 3-108 确定文本框位置　　　　　图 3-109 输入文字内容

2. 注释文字

　　激活"文字"工具,在实体上双击鼠标,即可创建不带引线的文本框,输入文字内容即可创建注释文字,如图 3-110、图 3-111 所示。

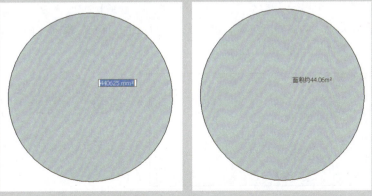

图 3-110 创建文本框　　　　　图 3-111 输入文字内容

3. 屏幕文字

激活"文字"工具，在屏幕的空白处单击鼠标，在文本框中输入文字内容即可创建屏幕文字，如图 3-112、图 3-113 所示。

图 3-112　单击鼠标　　　　图 3-113　输入文字内容

3.4.5　三维文字工具

"三维文字"工具广泛地应用于广告、LOGO、雕塑文字等。激活"三维文字"工具，打开"放置三维文本"对话框，输入相应的文字内容，并设置文字样式，单击"放置"按钮，即可将文字放置到合适的位置，单击鼠标完成创建，如图 3-114、图 3-115 所示。

图 3-114　设置文字　　　　图 3-115　三维文字效果

下面利用本章所学知识创建一个停车场指示牌模型，操作步骤如下。

01 激活"矩形"工具，绘制一个 1000mm×500mm 的矩形，如图 3-116 所示。

02 激活"推/拉"工具，将矩形向上推出 100mm，制作出一个长方体，如图 3-117 所示。

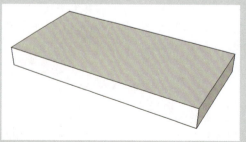

图 3-116　绘制矩形　　　　图 3-117　创建长方体

03 激活"直线"工具,捕捉中点绘制一条直线,如图3-118所示。

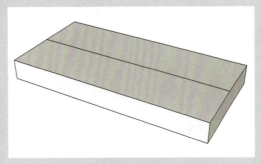

图3-118 绘制直线

04 激活"移动"工具,按住Ctrl键将直线向两侧分别复制,移动距离为30mm,如图3-119所示。

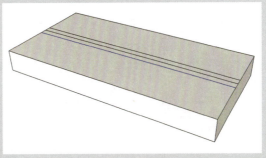

图3-119 复制直线

05 删除中线,并选择中间的面及边,如图3-120所示。

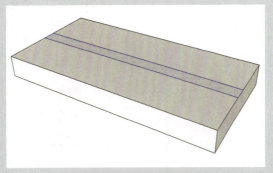

图3-120 选择面和边

06 激活"移动"工具,将面沿Z轴向上移动100mm,如图3-121所示。

07 激活"推/拉"工具,将面上推出2200mm,并将模型创建群组,如图3-122所示。

08 激活"三维文字"工具,打开"放置三维文本"对话框,输入文本内容"P"并设置文字样式,如图3-123所示。

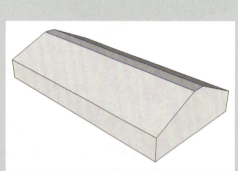

图 3-121　移动面　　　　图 3-122　推拉模型　　　　图 3-123　设置文字样式

09 单击"放置"按钮，将创建的文字放置到合适的位置，如图 3-124 所示。

10 继续创建其他三维文字，分别放置到合适的位置，如图 3-125 所示。

图 3-124　放置文字　　　　图 3-125　创建其他三维文字

11 激活"矩形"命令，绘制 120mm×120mm 的矩形，如图 3-126 所示。

12 利用"移动""删除"工具，绘制宽度为 10mm 的箭头图形，如图 3-127 所示。

图 3-126　绘制矩形　　　　图 3-127　绘制箭头

13 删除多余线条，再激活"推/拉"工具，将图形向外推出 20mm 的高度，如图 3-128 所示。

图 3-128　推拉模型

14 向下复制箭头模型，再激活"旋转"工具，旋转箭头指向，完成停车场指示牌模型的制作，如图 3-129 所示。

图 3-129　完成制作

自己练 PRACTICE YOURSELF

■ 项目练习1：制作亭廊模型

操作要领：

（1）利用"矩形""圆""推/拉"等工具创建亭廊底座、柱子等构件。
（2）利用"直线""圆弧""推/拉"等工具创建横梁等，如图3-130所示。

图纸展示：

图3-130 亭廊

■ 项目练习2：桌椅模型

操作要领：

（1）利用"矩形""圆""推/拉"工具制作桌子和椅子模型。
（2）利用"旋转"工具复制椅子模型，如图3-131所示。

图纸展示：

图3-131 桌椅

CHAPTER 04

制作山地模型——
沙盒工具的应用

本章概述 SUMMARY

SketchUp作为三维设计软件，绘制二维图形只是铺垫，其最终目的还是建立三维模型。本章将介绍一些高级建模功能和场景管理工具的使用方法，以便于读者进一步深入掌握SketchUp的建模技巧。

■ 要点难点

群组工具的使用　★★★
沙盒工具的使用　★★★
相机工具的使用　★★☆

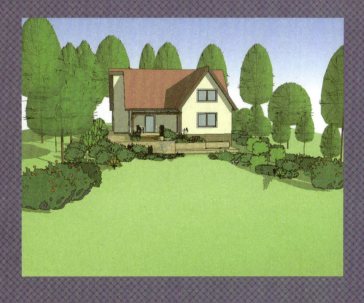

跟我学 LEARN WITH ME

■ 制作山坡上的小屋场景

案例描述：在案例中将利用本章所学的知识制作一个坡地山林间的小屋场景。主要是利用沙盒工具制作坡地造型，添加小屋、花草树木等模型，再添加草地材质并设置天空效果。

制作过程

本小节以创建小屋场景为例，对相关的知识及工具应用展开介绍。

01 在"沙盒"工具栏中激活"根据网格创建"工具，绘制尺寸为 87000mm×90000mm 的网格矩形，如图 4-1 所示。

02 激活"曲面起伏"工具，制作出坡度起伏效果，如图 4-2 所示。

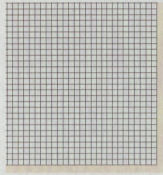
图 4-1 创建网格

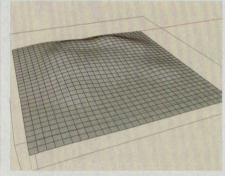
图 4-2 制作起伏效果

03 复制制作好的建筑模型，放置到坡地上方合适的位置，如图 4-3 所示。

04 激活"曲面平整"工具，先选择建筑，再选择坡地，制作出平整地面，如图 4-4 所示。

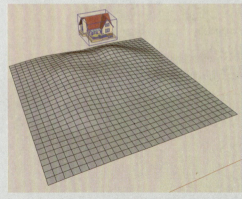
图 4-3 添加房屋模型

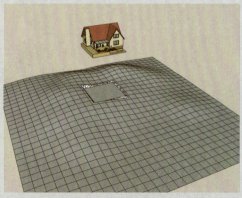
图 4-4 制作平整地面

05 将建筑模型移动到该平面上对齐放置模型,如图 4-5 所示。

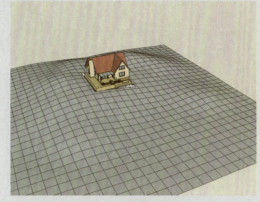

图 4-5 对齐放置模型

06 在场景中添加树木、植被等模型,如图 4-6 所示。

图 4-6 添加植物模型

07 激活"油漆桶"工具,选择草绿色为坡地赋予材质,如图 4-7 所示。

图 4-7 赋予材质

08 打开"风格"面板,设置背景及天空颜色,如图 4-8 所示。

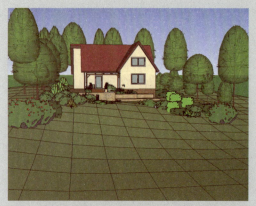

图 4-8 设置背景与天空颜色

09 选择坡地并右击鼠标,在弹出的快捷菜单中选择"柔化/平滑边线"命令,打开"柔化边线"设置面板,选中"平滑法线""软化共面"复选框,再拖动滑块调整法线之间的角度,如图4-9所示。

10 选择"窗口"|"默认面板"|"阴影"命令,打开"阴影"设置面板,单击"显示阴影"按钮,开启阴影效果,拖动滑块调整时间、日期以及光线亮暗,如图4-10所示。

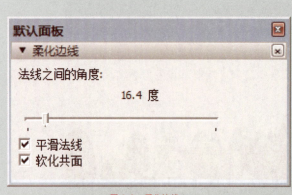

图 4-9 柔化边线

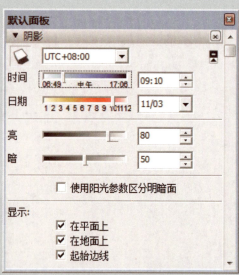

图 4-10 开启阴影

11 效果如图4-11所示。

12 选择"窗口"|"默认面板"|"雾化"命令,打开"雾化"设置面板,选中"显示雾化"复选框,调整雾化距离以及颜色,如图4-12所示。

制作山地模型——沙盒工具的应用

图 4-11　阴影效果

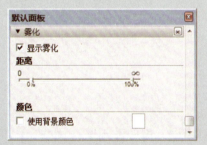

图 4-12　开启雾化

13 最终效果如图 4-13 所示。

图 4-13　最终效果

听我讲 LISTEN TO ME

4.1 组工具

在 SketchUp 中，用户可以对多个对象进行打包组合。组件与群组有许多共同之处，都可以将场景中众多的构件编辑成一个整体，保持各构件之间的相对位置不变，从而实现各构件的整体操作。

■ 4.1.1 组件工具

组件是 SketchUp 中常用的建模技术，在建模中非常重要，要养成把模型对象成组的习惯，以避免日后模型粘连的情况发生。同时应充分利用组件的关联复制性，把模型成组后再复制，以提高后续模型的应用效率。

1. 组件的创建与编辑

操作步骤如下。

01 打开模型并全选，单击鼠标右键，在弹出的菜单中单击"创建组件"命令，如图 4-14 所示。

02 打开"创建组件"对话框，在名称文本框中输入组件名称，选中"总是朝向相机"复选框，系统会自动选中"阴影朝向太阳"复选框，如图 4-15 所示。

图 4-14　右键菜单

图 4-15　设置组件参数

03 单击"设置组件轴"按钮，在场景中指定轴点，如图 4-16 所示。

04 双击鼠标确定轴点，返回到"创建组件"对话框，单击"创建"按钮，完成组件的创建，如图 4-17 所示。

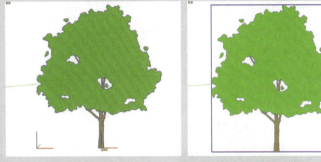

图 4-16 指定轴点　　　　图 4-17 完成创建

05 如需对组件进行修改，单击鼠标右键，在弹出的菜单中选择"编辑组件"命令，组件进入编辑状态后，周围会以虚线框显示，此时可对其进行编辑操作，如图 4-18 所示。

06 选择"视图"|"阴影"命令，开启阴影显示，如图 4-19 所示。

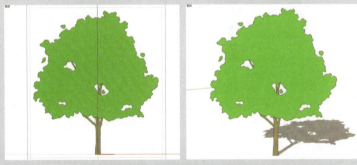

图 4-18 编辑状态　　　　图 4-19 开启阴影显示

07 激活"绕轴观察"工具，旋转视角，可以看到不管如何转换角度，模型总是正面朝向，如图 4-20 所示。

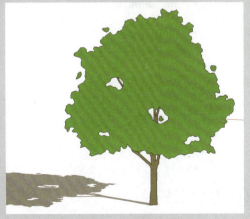

图 4-20 旋转视角

绘图技巧

在"创建组件"对话框中选中"总是朝向相机""阴影朝向太阳"复选框，这样不论如何旋转视角，组件都始终以正面面向视窗，以避免出现不真实的单面渲染效果。

2. 组件的导入与导出

完成组件的创建后，可将其导出为单独的模型，以方便分享及再次调用，操作步骤如下。

01 选择创建好的组件，单击鼠标右键，在弹出的快捷菜单中选择"另存为"命令，如图4-21所示。

02 打开"另存为"对话框，选择存储路径并为其命名，单击"保存"按钮，如图4-22所示。

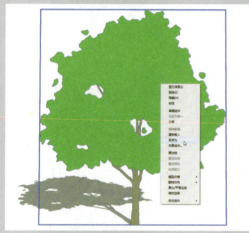
图4-21 编辑状态

图4-22 导出组件

03 如需再次调用该模型，则选择"窗口"|"默认面板"|"组件"命令，打开"组件"对话框，从中选择保存的组件，如图4-23所示。

04 在场景中的任意一点单击鼠标，即可将该组件插入到场景中。

图4-23 开启阴影显示

绘图技巧

只有将模型保存在SketchUp安装路径中名为"Components"的文件夹内，才能通过"组件"对话框直接调用。

4.1.2 群组工具

群组是一些点、线、面或者实体的集合，它与组件的区别在于没有组件库和关联复制的特性,但是群组可以作为临时性的组件管理,并且不占用组件率,也不会使文件变大,所以使用起来很方便。

1. 群组的创建与分解

操作步骤如下。

01 选择需要创建群组的物体,单击鼠标右键,在弹出的快捷菜单中选择"创建群组"命令,如图 4-24 所示。

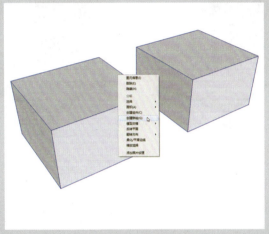

图 4-24 创建群组

02 效果如图 4-25 所示。单击物体的任意部位,会发现它们已成为了一个整体。

分解群组的操作步骤同创建群组基本相似,选择群组,单击鼠标右键,在弹出的快捷菜单中选择"分解"命令,如图 4-26 所示,这时原来的群组将会重新分解成多个独立的单位。

图 4-25 效果图　　图 4-26 开启阴影显示

2. 群组的嵌套

群组的嵌套即群组中包含群组。创建一个群组后,再将该群组同其他物体一起再次创建成一个群组,操作步骤如下。

> **绘图技巧**
>
> 在有嵌套的群组中使用"分解"命令,一次只能分解一级嵌套。如果有多级嵌套,就必须一级一级进行分解。

01 如图 4-27 所示的场景中有多个群组，选择场景中的所有物体并单击鼠标右键，在弹出的快捷菜单中选择"创建群组"命令。

02 单击场景中任意一个物体，可发现场景中的多个物体成为一个整体，如图 4-28 所示。

图 4-27　创建群组　　　　　图 4-28　成为整体

3. 群组的编辑

双击群组或者单击鼠标右键，在弹出的快捷菜单中选择"编辑组"命令，可对群组中的模型进行单独选择和调整，调整完毕后还可以恢复到群组状态，操作步骤如下。

01 打开上一小节中的群组模型，选择对象，如图 4-29 所示。

02 用鼠标双击该群组，可以看到模型周围显示出一个虚线组成的三维长方体，如图 4-30 所示。

图 4-29　选择对象　　　　　图 4-30　编辑模式

03 此时可以单独对群组内的模型进行编辑，选择其中一个模型并对其进行移动和旋转，如图 4-31 所示。

04 调整完毕后单击"选择"工具，再将光标移动到虚线框外，单击鼠标即可恢复组状态，如图 4-32 所示。

制作山地模型——沙盒工具的应用

> **绘图技巧**
>
> 在组打开后，选择其中的模型，按 Ctrl+X 组合键可以暂时将其剪切出群组。关闭群组后，再按 Ctrl+V 组合键就可以将该模型粘贴进场景并移出组。

图 4-31　移动并旋转模型

图 4-32　调整完毕

4. 群组的锁定与解锁

场景中如果有暂时不需要编辑的群组，可将其锁定，以免误操作。选择群组，单击鼠标右键，在弹出的快捷菜单中选择"锁定"命令，如图 4-33 所示。锁定后的群组会以红色线框显示，不可对其进行修改，如图 4-34 所示。需要说明的是，只有群组才可以被锁定，物体是无法被锁定的。

如果要对群组进行解锁，右击鼠标，在弹出的快捷菜单中选择"解锁"命令，如图 4-35 所示。

图 4-33　"锁定"命令

图 4-34　锁定模型

图 4-35　"解锁"命令

4.2　沙盒工具

"沙盒"工具是 SketchUp 中内置的一个地形工具，用于制作三维地形效果。在新版本的 SketchUp 中，"沙盒"工具是默认加载好的，无须手动加载。"沙盒"工具栏中包含根据等高线创建、根据网格创建、曲面起伏、曲面平整、曲面投射、添加细部、对调角线 7 个工具，如图 4-36 所示。

图 4-36 "沙盒"工具栏

4.2.1 根据等高线创建

"根据等高线创建"工具的功能是封闭相邻的等高线以形成三角面。其等高线可以是直线、圆弧、圆形或者曲线等,将自动封闭闭合或者不闭合的线形成面,从而形成有等高差的坡地。操作步骤如下。

01 用"手绘线"工具在场景中绘制一个曲线平面,如图 4-37 所示。

02 激活"推/拉"工具,按住 Ctrl 键向上推拉复制,如图 4-38 所示。

图 4-37 绘制曲线平面

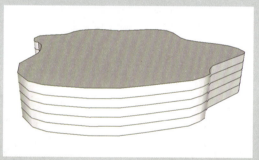

图 4-38 推拉图形

03 删除推拉出的面,仅保留曲线作为等高线,如图 4-39 所示。

04 激活"拉伸"工具,从下到上依次缩放边线,使其形成坡度,如图 4-40 所示。

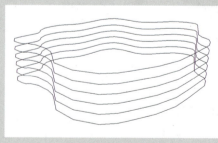

图 4-39 删除面

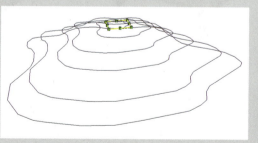

图 4-40 缩放边线

05 选择等高线,适当调整高度,效果如图 4-41 所示。

06 全选所有等高线,在"沙盒"工具栏中单击"根据等高线创建"

按钮 ![btn]，根据制作好的等高线，SketchUp 将自动生成相对应的地形效果，如图 4-42 所示。

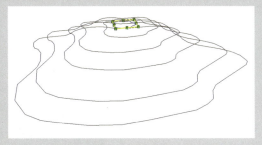

图 4-41　调整高度

> **绘图技巧**
>
> 利用"根据等高线创建"工具制作出的地形细节效果取决于等高线的精细程度，等高线越细致紧密，所制作出的地形图也越精致。

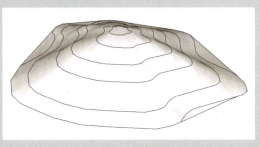

图 4-42　制作等高线

07 逐步选择地形上的等高线进行删除，删除完成后即可得到单独的地形模型，如图 4-43 所示。

图 4-43　得到地形模型

4.2.2　根据网格创建

使用"根据网格创建"工具，可以创建细分网格地形，并能进行细节的刻画，以制作出真实的地形效果。操作步骤如下。

激活"根据网格创建"工具，在视窗中单击选择一点作为绘制起点，拖动鼠标绘制网格一边的宽度，单击鼠标，再横向拖动鼠标绘制出网格另一边的宽度，单击鼠标确认可完成网格的绘制，如图 4-44 至图 4-46 所示。

图 4-44 绘制网格的一边

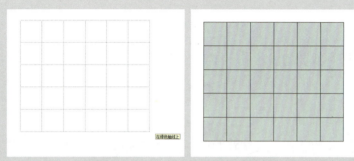

图 4-45 绘制网格另一条边　　图 4-46 完成网格的绘制

网格并不是最终效果，可利用"沙盒"工具栏中的其他工具配合制作出需要的地形。

4.2.3 曲面起伏

从该工具开始，后面的几个工具都是围绕上述两个工具的执行结果进行修改的工具，其主要作用是修改地形 Z 轴的起伏程度，拖出的形状类似于正弦曲线。需要说明的是，此工具不能对组与组件进行操作。"曲面起伏"工具的使用方法如下。

01 双击视图中绘制好的网格，进入编辑状态，激活"曲面起伏"工具，将鼠标移动到网格上，输入数值，确定图中圆的半径，也就是要拉伸点的辐射范围，如图 4-47 所示。

02 单击鼠标选择该点，上下移动鼠标确定拉伸的 Z 轴高度，如图 4-48 所示。

> **绘图技巧**
>
> （1）用等高线生成和用网格生成的是一个组，此时要注意，在组的编辑状态下才可以执行此命令。
>
> （2）此命令只能沿系统默认的 Z 轴进行拉伸，如果想要多方位拉伸，可结合旋转工具绘制（先将拉伸的组旋转到一定的角度后，再进入编辑状态进行拉伸）。
>
> （3）如果想对个别的点（线、面）进行拉伸，先将圆的半径设置为比一个正方形网格单位小的数值（或者设置成最小单位 1mm）。设置完成后，退出此命令状态，开始选择点、线（两个顶点）、面（面边线所有的顶点），然后再单击此命令，进行拉伸即可。

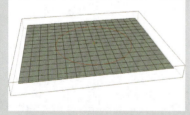
图 4-47 激活"曲面起伏"工具

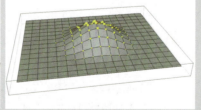
图 4-48 拉伸高度

4.2.4 曲面平整

当房子建在斜面上时，房子的位置必须是水平的，也就是需要平整场地。该工具就是将房子沿底面偏移一定的距离放置在地形上。"曲面平整"工具的使用方法如下。

01 将房子模型放置到合适的位置，如图4-49所示。

02 激活"曲面平整"工具，光标会变成 ，单击房子模型，房子下方会出现红色的边框，如图4-50所示。

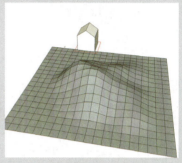

图4-49 调整模型位置　　　图4-50 单击房子模型

03 继续单击山地，在山地对应房子的位置将会挤出一块平整的场地，高度可随着鼠标移动进行调整，如图4-51所示。

04 将房屋模型移动到山顶的平面上，完成本次操作，如图4-52所示。

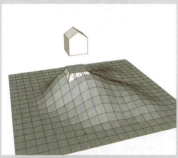
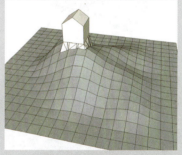

图4-51 调整平整地面　　　图4-52 移动模型

4.2.5 曲面投射

曲面投射的功能就是在地形上放置路网，在山地上开辟出山路网。"曲面投射"工具的使用方法如下。

01 打开已有的山地模型，如图4-53所示。

02 激活"矩形"工具，在模型正上方绘制一个矩形，比山地网格稍大一些，如图4-54所示。

图 4-53　打开模型　　　　　图 4-54　绘制矩形

03 激活"曲面投射"工具,将鼠标移动到山地模型上,山地处于被选择状态,如图 4-55 所示。

04 确定后,再将鼠标移动到上方矩形单击,则地形的边界会被投射到矩形上,如图 4-56 所示。

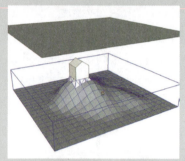 

图 4-55　选择山地　　　　　图 4-56　投射效果

05 删除多余线条,如图 4-57 所示。

06 激活"手绘线"工具,绘制一条道路,如图 4-58 所示。

图 4-57　删除多余线条　　　　图 4-58　绘制道路

07 删除多余图形,仅留道路平面,如图 4-59 所示。

08 激活"曲面投射"工具,单击道路图形,将道路边界投射到山地模型上,如图 4-60 所示。

制作山地模型——沙盒工具的应用

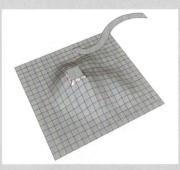

图 4-59　删除多余图形

图 4-60　投射道路图形

09 删除上方图形，在山地上单击右键，在弹出的菜单中选择"柔化 / 平滑边线"命令，如图 4-61 所示。

10 打开"柔化边线"调整框，拖动滑块调整法线之间的角度，山地模型变得平滑，完成模型制作，如图 4-62 所示。

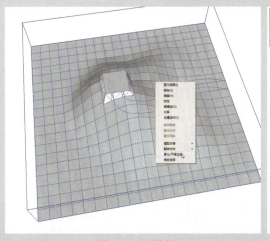

图 4-61　右键菜单

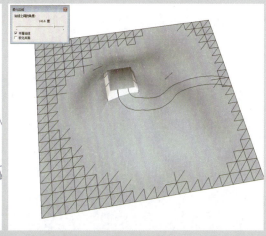

图 4-62　柔化边线

4.2.6　添加细部

"添加细部"工具的功能是将已经绘制好的网格物体进一步细化，因为原有网格物体的部分或者全部的网格密度不够，这就需要使用"添加细部"工具来进行调整。该工具的使用方法如下。

01 选择需要细分的网格面，如图 4-63 所示（可以不选择边线，也可以选择所有的网格）。

02 激活"添加细部"工具，即可进行细分，如图 4-64 所示。一个网格分成 4 块，共 8 个三角面，坡面的网格会略有不同。

03 如果还未满足细分的要求，可按照上面的步骤再进一步细分、拉伸，直至满意为止，如图 4-65 所示。

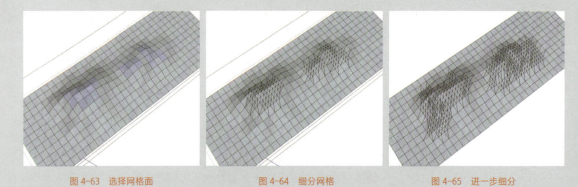

图 4-63　选择网格面　　　　　图 4-64　细分网格　　　　　图 4-65　进一步细分

4.2.7　对调角线

"对调角线"工具是对一个四边形的对角线进行对调（变换对角线）。使用该工具，是因为有时软件执行的结果不会随着大局顺势而为，如图 4-66 所示，因此需要手动调整对角线。激活"对调角线"工具后，将鼠标移动到对角线上，则对角线会以高亮显示，如图 4-67 所示。

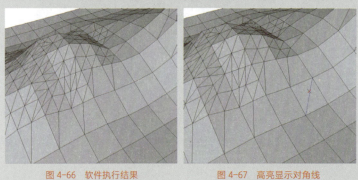

图 4-66　软件执行结果　　　　　图 4-67　高亮显示对角线

单击对角线，即可将其对调。选择"视图"|"隐藏物体"命令，可将对角线虚显出来，如图 4-68 所示。继续对其他对角线进行对调，直到达到要求，如图 4-69 所示。

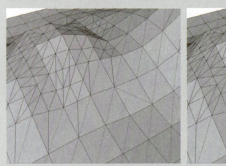 

图 4-68　虚显对角线　　　　　图 4-69　对调对角线

4.3 图层工具

图层的功能主要有两大类：一类如 3ds max、AutoCAD 等，作用是管理图形文件；另一类如 Photoshop，用来绘图时做出特效，而 SketchUp 的图层功能是用来管理图形文件。

由于 SketchUp 主要是单面建模，单体建筑就是一个物体，一个室内场景也是一个物体，因此"图层管理"这一功能使用频率不高，室内设计与单体建筑设计中根本用不到这个功能。因此，在 SketchUp 的默认启动界面中是没有"图层"工具栏的。

若想使用图层工具，可执行"视图"|"工具栏"命令，打开"工具栏"对话框，可从中选中"图层"选项，打开"图层"工具栏，如图 4-70 所示。选择"窗口"|"默认面板"|"图层"命令，打开图层管理器，如图 4-71 所示。

图 4-70　"图层"工具栏　　　　图 4-71　图层管理器

4.3.1　显示与隐藏图层

管理图层的一个关键方法就是对图层的显示与隐藏操作。为了对同一类别的图形对象进行快速操作，如赋予材质、整体移动等，可将其他类别的图层隐藏起来，只显示需要操作的图层即可。

如果已经按照图形的类别进行了分类，那么就可以用图层的显示和隐藏来快速完成了。隐藏图层只需要在图层管理器中取消选中图层对应的"可见"列表中的复选框即可，如图 4-72 所示。该场景中的"草皮树木""道路"和"人物"图层是隐藏图层，"Layer0""建筑"和"小品"图层是显示图层。在图层工具栏中，显示图层字体为黑色，隐藏图层字体为灰色，如图 4-73 所示。要注意的是，当前图层不可被隐藏。

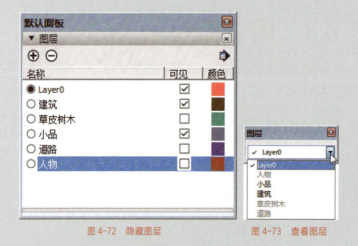

图 4-72　隐藏图层　　　　图 4-73　查看图层

> **绘图技巧**
>
> 在大型场景的建模过程中，特别是小区设计、景观设计、城市设计，由于图形对象较多，应详细地对图形进行分类，并创建图层，以方便后面的作图与图形的修饰。而在单体建筑设计与室内设计中，图形相对较为简单，此时不需要使用图层管理，使用默认的"Layer0"图层进行绘图即可。

4.3.2　增加与删除图层

在 SketchUp 中，系统默认创建一个"Layer0"图层，如果不新建其他图层，则所有的图形都将被放置在该图层中。该图层不能被删除，不能改名，如果系统只有这一个图层，则该图层也不能被隐藏。

在图层管理器中，单击"添加图层"按钮 ⊕，即可创建新的图层，可设置图层名称及图层颜色。单击"删除图层"按钮 ⊖，可直接删除没有图形文件的图层，如果该图层中有图形文件，在删除图层时会弹出"删除包含图元的图层"对话框，可根据具体需求来选择，如图 4-74 所示。

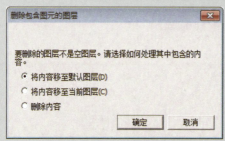

图 4-74　删除包含图元的图层对话框

4.4　实体工具

SketchUp 中的实体工具包括外壳、相交、联合、减去、剪辑、拆分 6 个工具，也就是平时所说的布尔运算工具，如图 4-75 所示。

图 4-75　"实体工具"工具栏

4.4.1 外壳

"外壳"工具可以快速将多个单独的实体模型合并成一个实体,操作步骤如下。

01 创建两个模型,此时如果直接使用"外壳"工具对其进行编辑,将会出现"不是实体"的提示,如图 4-76 所示。

02 首先要将其中一个模型创建群组,这里选择将圆锥体创建群组,如图 4-77 所示。

图 4-76 使用外壳工具　　　　　图 4-77 创建群组

03 激活"外壳"工具,将鼠标移动到创建的组上,将会出现"①实体组"的提示,表示当前合并的实体数量,如图 4-78 所示。

04 使用同样的方法将另一个模型也转化为组,再次激活"外壳"工具,将光标移动到一个实体上单击,再将光标移动到另一个实体上,如图 4-79 所示。

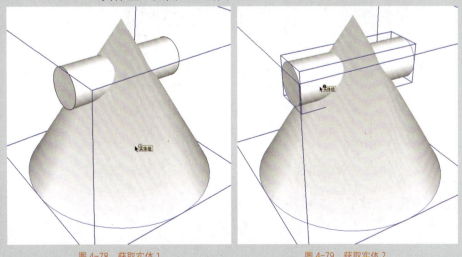

图 4-78 获取实体 1　　　　　图 4-79 获取实体 2

05 单击鼠标，可将两个实体组成一个实体，如图 4-80 所示。

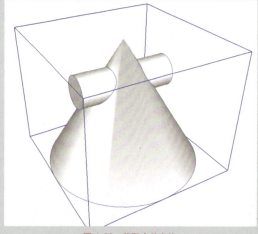

图 4-80　获取合并实体

> **绘图技巧**
>
> 　　SketchUp 中"外壳"工具的功能与之前介绍的"组"嵌套有些相似的地方，都可以将多个实体组成一个大的对象。但是，使用"组"嵌套的实体在打开后仍可进行单独编辑，而使用"外壳"工具进行组合的实体是一个单独的实体，打开后模型将无法进行单独编辑。

4.4.2　相交

　　"相交"工具也就是布尔运算交集工具，大多数三维图形软件都具有这个功能，交集运算可以快速获取实体之间相交的那部分模型，操作步骤如下。

01 激活"相交"工具，单击鼠标选择相交的其中一个实体，如图 4-81 所示。

02 再将光标移动到另一个实体上单击，如图 4-82 所示。

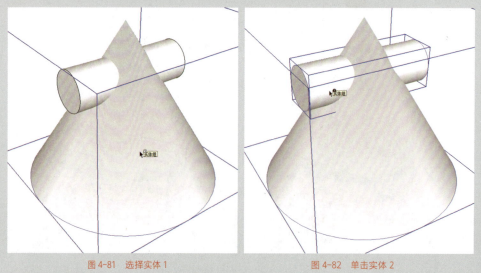

图 4-81　选择实体 1　　　　　　　图 4-82　单击实体 2

03 得到两个实体相交部分的模型，如图 4-83 所示。

制作山地模型——沙盒工具的应用

> **绘图技巧**
>
> "相交"工具并不局限于两个实体之间，多个实体也可以使用该工具。先选择全部相关实体，再单击"相交"工具按钮。

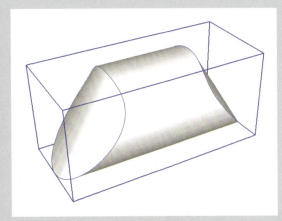

图 4-83　获取相交实体

4.4.3　联合

"联合"工具即布尔运算并集工具，在 SketchUp 中，"联合"工具和"外壳"工具的功能没有明显的区别，其使用方法同"相交"工具类似，这里不再赘述。

4.4.4　减去

"减去"工具即布尔运算差集工具，运用该工具可以将某个实体中与其他实体相交的部分进行切除，操作步骤如下。

01 激活"减去"工具，单击相交的其中一个实体，如图 4-84 所示。

02 再单击另一个实体，如图 4-85 所示。

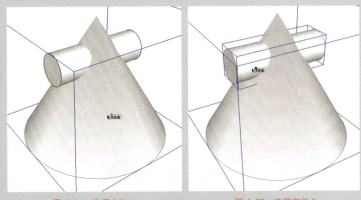

图 4-84　选择实体 1　　　　图 4-85　选择实体 2

03 运算完成后可以看到第二个实体减去第一个实体剩下的那部分，如图 4-86 所示。

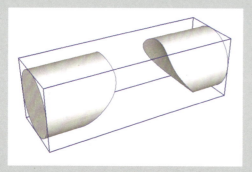

图 4-86 获得减去实体

绘图技巧

在使用"减去"工具时,实体的选择顺序可以改变最后的运算结果。运算完成后保留的是后选择的实体,删除的是先选择的实体及相交的部分。

4.4.5 剪辑

"剪辑"工具类似于"减去"工具,不同的是,使用"剪辑"工具运算后只删除后面选择的实体相交的那部分,操作步骤如下。

01 激活"剪辑"工具,单击相交的其中一个实体,如图 4-87 所示。

02 再单击另一个实体,如图 4-88 所示。

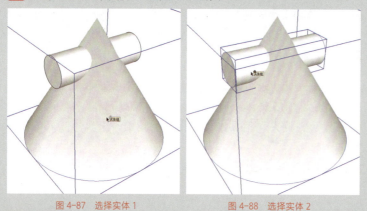

图 4-87 选择实体 1　　　　图 4-88 选择实体 2

03 操作完毕后,将实体移动到一侧,可看到第二个实体被删除了相交的部分,而第一个实体完整无缺,如图 4-89 所示。

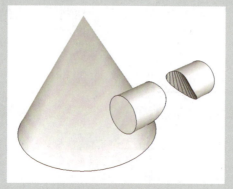

图 4-89 获得剪辑实体

绘图技巧

"剪辑"工具与"减去"工具相似,选择实体的顺序不同会产生不同的剪辑结果。

4.4.6 拆分

"拆分"工具功能类似于"相交"工具,但是其操作结果在获得实体相交的那部分的同时仅删除实体之间相交的部分,如图4-90所示。其操作步骤与"相交""减去"工具相同,这里不再赘述。

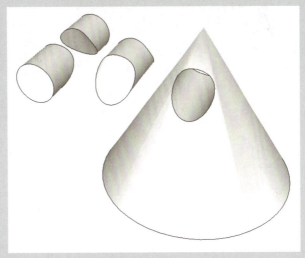

图4-90 获得拆分实体

4.5 相机工具

"相机"工具栏包括环绕观察、平移、缩放、缩放窗口、充满视窗、上一个、定位相机、绕轴旋转和漫游工具,如图4-91所示,其中"定位镜头"和"正面观察"工具用于相机位置与观察方向的确定,而"漫游"工具则用于制作漫游动画。

图4-91 "相机"工具栏

4.5.1 定位相机与绕轴观察工具

激活"定位相机"工具,此时光标将变成 ,移动光标至合适的放置点,如图4-92所示。单击鼠标确定相机放置点,系统默认眼睛高度为1676.4mm,场景视角也会发生变化,如图4-93所示。设置好相机后,旋转鼠标中键,即可自动调整相机的眼睛高度。

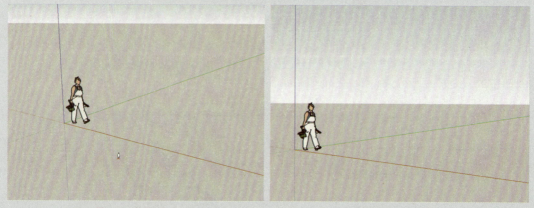

图 4-92　放置相机点　　　　　　　　　图 4-93　视角变化

相机设置好后，鼠标指针会变成眼睛的样子，如图 4-94 所示。按住鼠标左键不放，拖动光标可进行视角的转换，如图 4-95 所示。

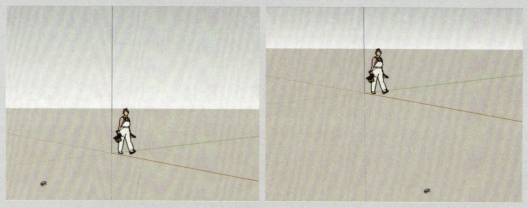

图 4-94　鼠标指针变成眼睛　　　　　　图 4-95　拖动光标转换视角

4.5.2　漫游工具

通过"漫游"工具可模拟出跟随观察者移动，从而在相机视图内产生连续变化的漫游动画效果。

1. 漫游工具的应用

激活"漫游"工具，光标将会变成 👣，通过鼠标、Ctrl 键以及 Shift 键就可完成前进、上移、加速、旋转等漫游动作。该工具的使用方法介绍如下。

01 打开模型，激活"漫游"工具，光标变成 👣，如图 4-96 所示。
02 在视图内按住鼠标左键向前推动，即可产生前进的效果，如图 4-97 所示。

制作山地模型——沙盒工具的应用

图 4-96 激活"漫游"工具

图 4-97 向前推进

03 按住 Shift 键上下移动鼠标,可以升高或者降低相机的视点,如图 4-98 所示。

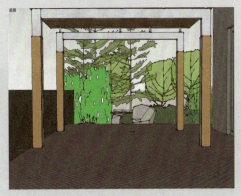

图 4-98 降低相机视点

04 按住 Ctrl 键推动鼠标,则会产生加速前进的效果,如图 4-99 所示。

05 按住鼠标左键移动光标,则会产生转向的效果,如图 4-100 所示。

06 按住 Shift 键与鼠标左键并向左移动鼠标，则场景会向左平移，松开 Shift 键，按住鼠标左键向前移动，即可改变视角，如图 4-101 所示。

图 4-99　加速前进

图 4-100　转向

图 4-101　平移视角

2．设置漫游动画

创建漫游路线，设置动画效果的操作方法如下。

01 打开配套模型，观察当前的相机视角，如图 4-102 所示。

02 为了避免操作失误，首先创建一个场景，选择"视图"|"动画"|"添加场景"命令，如图 4-103 所示。

图 4-102　观察视角

图 4-103　创建场景

03 激活"漫游"工具，在数值控制栏中输入眼睛高度为 1800mm，按 Enter 键后，场景视野发生变化，如图 4-104 所示。

04 按住鼠标左键向前推动鼠标，前进到一定的距离时停止移动鼠标，并添加新的场景，如图 4-105 所示。

制作山地模型——沙盒工具的应用

图 4-104　输入视角高度

图 4-105　添加新场景

05 向左移动鼠标，旋转视线，并添加新的场景，如图 4-106 所示。

06 按住 Shift 键向上移动鼠标，则视线也会向上移动，如图 4-107 所示。

图 4-106　旋转视线

图 4-107　上移视线

07 继续向前推动鼠标，并向右移动进行视线旋转，创建新的场景。选择"视图"|"动画"|"播放"命令，播放动画，如图 4-108 所示。

图 4-108　播放动画

3．输出漫游动画

场景漫游动画设置完毕后，可将其导出，方便后期添加特效及非 SketchUp 用户观看，操作步骤如下。

01 选择"文件"|"导出"|"动画"|"视频"命令，打开"输出动画"对话框，设置动画存储路径及名称，再设置导出文件类型，如图 4-109 所示。

02 单击"选项"按钮,打开"动画导出选项"对话框,设置分辨率、帧速率等参数,如图4-110所示。

图4-109 "输出动画"对话框

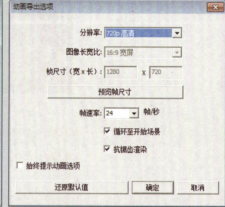
图4-110 设置导出参数

03 单击"确定"按钮,开始输出,并显示进度,如图4-111所示。
04 输出完毕后,通过播放器即可观看动画效果,如图4-112所示。

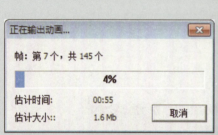
图4-111 导出进度

图4-112 观看动画

4.6 "照片匹配"功能

使用"照片匹配"功能可以根据实景照片创建与之相似的环境,此功能最适合制作构筑物(包含表示平行线的部分)图像模型,如方形窗户的顶部和底部。

照片匹配的命令有两个,分别是"新建照片匹配"命令和"编辑照片匹配"命令,只有新建照片匹配后,"编辑照片匹配"命令才会被激活。下面以简单的实例介绍"照片匹配"功能的应用。

01 选择"相机"|"新建照片匹配"命令,打开"选择背景图像文件"对话框,选择合适的参照图片,如图4-113所示。

制作山地模型——沙盒工具的应用

图 4-113 "打开"对话框

02 单击"打开"按钮，将照片导入到背景中，可以看到背景上多出了红、绿、蓝三色轴线，如图 4-114 所示。

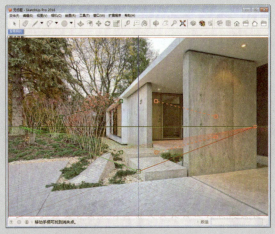

图 4-114 背景效果

03 系统会自动打开"照片匹配"设置面板，这里选择"外部"样式和"红轴/绿轴"平面，其余设置默认，如图 4-115 所示。

图 4-115 "照片匹配"设置

04 拖动调整红色绿色消失线，确定 X 轴、Y 轴以及 Z 轴方向，如图 4-116 所示。

05 单击"完成"按钮，进入绘图区，如图 4-117 所示。

06 激活"直线"工具，捕捉建筑左侧轮廓，绘制一个矩形面，如图 4-118 所示。

图 4-116 背景效果　　　　　图 4-117 绘图区　　　　　图 4-118 绘制矩形面

07 激活"偏移"工具，将矩形边线向内进行偏移，与照片中的墙体对齐，如图 4-119 所示。

08 激活"直线"工具，继续捕捉绘制墙体线，再删除部分线条，将部分墙体轮廓分割出来，如图 4-120 所示。

09 激活"推/拉"工具，推出墙体造型，如图 4-121 所示。

图 4-119 偏移边线　　　　　图 4-120 分割墙体轮廓　　　图 4-121 推拉墙体造型

10 激活"推/拉"工具，推出窗台造型，如图 4-122 所示。

11 激活"直线""推/拉"工具，继续制作墙体模型，如图 4-123 所示。

12 按住鼠标中键旋转视窗，利用"直线""推/拉"工具制作出建筑底部的墙体，如图 4-124 所示。

图 4-122 推拉窗台造型　　　图 4-123 制作墙体　　　　　图 4-124 制作底部墙体

13 切换到场景,激活"直线"工具,捕捉绘制矩形墙面,如图 4-125 所示。

14 旋转视窗,激活"推/拉"工具,将地面高度向上推出,与墙面对齐,如图 4-126 所示。

 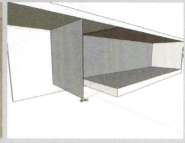

图 4-125　绘制矩形墙面　　　　图 4-126　推拉地面高度

15 返回到场景,利用"推/拉"工具,将地面向外推出,如图 4-127 所示。

16 激活"偏移"工具,将内墙的边线向内偏移出厚度,如图 4-128 所示。

图 4-127　推拉地面长度　　　　图 4-128　偏移图形

17 激活"移动"工具,绘制出门套窗套并调整造型,如图 4-129 所示。

18 激活"推/拉"工具,推出门框窗框效果,如图 4-130 所示。

图 4-129　绘制门套窗套轮廓　　　　图 4-130　推拉门框窗框

19 激活"直线""推/拉"工具,制作墙体及踏步模型,如图 4-131 所示。

⑳ 继续制作水泥平台模型，如图 4-132 所示。

图 4-131　制作墙体及踏步

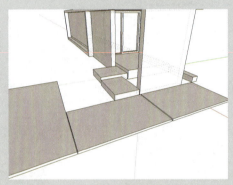

图 4-132　制作水泥平台

㉑ 将模型各自成组，再制作门模型并添加把手，如图 4-133 所示。

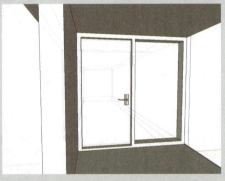

图 4-133　制作门模型

㉒ 制作窗户造型，如图 4-134 所示。
㉓ 完善整体建筑模型，如图 4-135 所示。
㉔ 为模型添加材质、天空以及植物、山石等素材模型，效果如图 4-136 所示。

制作山地模型——沙盒工具的应用

图 4-134　制作窗户造型

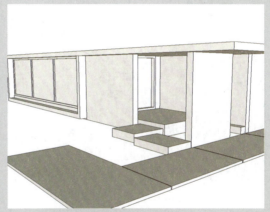

图 4-135　完善模型

图 4-136　完整效果

自己练 PRACTICE YOURSELF

■ 项目练习1：制作漫游动画

操作要领：

（1）利用"漫游"工具向前推进视角并保存动画。

（2）播放动画，观察视角推进效果，如图4-137所示。

图纸展示：

图 4-137　漫游动画

■ 项目练习2：制作组件

操作要领：

（1）将灌木图形制作成组件。

（2）开启阴影效果，如图4-138所示。

图纸展示：

图 4-138　灌木组件

CHAPTER 05
制作盆栽模型——材质与贴图的应用

本章概述 SUMMARY

SketchUp的材质库中拥有十分丰富的材质资源，其材质属性包括：名称、颜色、透明度、纹理贴图和尺寸大小等。这些材质可以应用于边线、表面、文字、剖面、组和组件等。应用材质后，该材质就会被添加到"在模型中"材质列表，这个列表中的材质会和模型一起被保存在.skp文件中，这是SketchUp最大的优势之一。本章将介绍SketchUp材质和贴图的应用，包括提取材质、填充材质、创建材质和贴图技巧等。

■ 要点难点

材质编辑器　★★★
材质的创建　★★★
贴图的应用　★★★

跟我学 LEARN WITH ME

■ 制作漂亮的花盆

案例描述：用户在使用 SketchUp 时，如果需要一般的效果，可以直接使用软件本身的材质；如果需要较为逼真的效果，就需要导入到 3ds max 中赋予材质并进行真实的渲染计算。本案例将结合前面章节所学知识以及本章介绍的材质贴图的知识，介绍花盆的制作。

制作过程：

下面将对花盆效果的制作过程展开介绍。

01 创建一个半径 150mm，高度 15mm 的圆柱体，如图 5-1 所示。

02 激活"偏移"工具，将圆柱体底面的边线向内偏移 15mm，如图 5-2 所示。

图 5-1 创建圆柱体　　　　　图 5-2 偏移边线

03 激活"推/拉"工具，将下方的面推出 140mm，如图 5-3 所示。

04 激活"偏移"工具，再将上方边线向内偏移 20mm，如图 5-4 所示。

图 5-3 推拉图形　　　　　图 5-4 偏移图形

05 将面向下推出 20mm，制作出花盆的边沿，如图 5-5 所示。

06 利用直线工具和弧形工具在模型底部绘制一个半径为 20mm 的扇面，如图 5-6 所示。

图 5-5 制作花盆边沿　　　　图 5-6 绘制扇面

07 激活"路径跟随"工具,按住扇面绕底部边线走一周,制作出花盆的底座造型,如图 5-7 所示。

08 激活"偏移"工具,将底部边线向内偏移 105mm,如图 5-8 所示。

图 5-7 制作底座造型　　　　图 5-8 偏移图形

09 激活"推拉"工具,将偏移后的图形推出为 5mm,制作出花盆底部出水口,如图 5-9 所示。

图 5-9 制作出水口

10 为泥土面赋予材质,如图 5-10 所示。

图 5-10 赋予材质

11 将图片导入 SketchUp，调整角度，使其水平垂直，如图 5-11 所示。

12 单击鼠标右键将其分解，使其成为贴图，如图 5-12 所示。

图 5-11 导入图片

图 5-12 制作贴图

13 打开材质编辑器，单击"样本颜料"按钮 ✎，拾取贴图材质，并将材质指定给花盆侧身，删除多余图形，如图 5-13 所示。

14 添加植物模型，完成模型制作，如图 5-14 所示。

图 5-13 拾取贴图材质

图 5-14 完成模型制作

听我讲 LISTEN TO ME

5.1 SketchUp 材质

SketchUp 中提供了不同的工具来使用材质，可以应用、填充和替换材质，也可以从某一实体上提取材质。材质浏览器用于从材质库中选择材质，也可以组织和管理材质；材质编辑器用于调整和推敲材质的不同属性，调用外部默认图片编辑软件直接对 SketchUp 场景中的贴图进行编辑，而后再反馈到 SketchUp 中。

5.1.1 默认材质

在 SketchUp 中创建的物体，一开始就被赋予了系统默认材质。默认材质使用的是双面材质，一个表面的正反两面的默认材质的显示颜色是不一样的，如图 5-15 所示。默认材质的两面性可以让人更容易分清楚表面的正反面朝向，方便在将模型导入到其他建模软件时调整表面的法线方向。

正反两面的颜色可通过选择"窗口"|"默认面板"|"风格"命令，在打开的"风格"设置面板中，在"编辑"选项卡中的"平面"设置相关颜色参数，如图 5-16 所示。

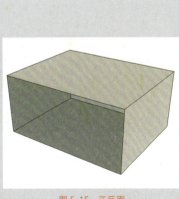

图 5-15 正反面　　　　图 5-16 设置颜色参数

5.1.2 材质编辑器

在 SketchUp 中，一般使用材质浏览器与材质编辑器来调整或赋予材质。打开材质浏览器的操作方法有两种：一种是单击工具栏中的"材质"工具图标 ⊗，另一种就是选择"窗口"|"材质"命令，都可以打开材

质浏览器，如图 5-17 所示。单击 ▼ 按钮，可以切换到其他类别的材质列表，如图 5-18 所示，材质浏览器的主要功能就是提供用户需要的材质。

单击"编辑"按钮，即可切换到材质编辑器，如图 5-19 所示。打开编辑材质选项卡后，可以看到很多选项，其中包括材质名称、材质预览、拾色器、纹理坐标、不透明等功能，具体介绍如下。

  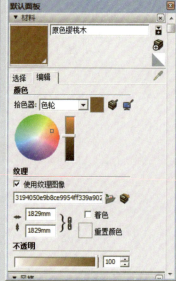

图 5-17　材质浏览器　　　　图 5-18　打开材质列表　　　　图 5-19　编辑材质选项

1. 材质名称

对材质的指代，使用中文、英文或阿拉伯数字都可以，方便认识即可。要注意的是，如果需要将模型导入到 3ds max 或 Artlantis 等软件中，则尽量不要使用中文名称，以避免带来麻烦。

2. 材质预览

用于显示调整的材质效果。这是一个动态窗口，随着每一步的调整进行相应的改变。

3. 拾色器

用于调整材质贴图的颜色。在该功能区中，可进行以下四种操作。

- 还原颜色更改：还原颜色到默认状态。
- 匹配模型中对象的颜色：在保持贴图纹理不变的情况下，用模型中其他材质的颜色与当前材质混合。
- 匹配屏幕上的颜色：在保持贴图纹理不变的情况下，用屏幕中的颜色与当前材质混合。
- 着色：选中后，可以去除颜色与材质混合时产生的杂色。

在 SketchUp 中，有四种颜色系统：色轮、HLS、HSB、RGB。可从选择颜色对话框最上面的菜单中选择其中任意一种系统。

- 色轮：可从中选择任意一种颜色。同时，用户可以沿色轮拖曳

制作盆栽模型——材质与贴图的应用

- 鼠标，快速浏览许多不同的颜色。
- HLS：HLS 吸取器从灰度级颜色中取色。使用灰度级颜色吸取器取色，可调节出不同的黑色。
- HSB：像色轮一样，HSB 颜色吸取器可以从 HSB 中取色。HSB 将会提供给用户一个更加直观的颜色模型。
- RGB：RGB 颜色吸取器可以从 RGB 中取色。RGB 颜色是最传统的颜色，代表着人类眼睛所能看到的最接近的颜色。RGB 有一个很宽的颜色范围，是 SketchUp 最有效的颜色吸取器。

4. 纹理

如果材质使用了外部贴图，可调整贴图的大小，即贴图横向及纵向的尺寸。在该功能区中，可进行以下几种操作。

- 调整大小：在贴图卷展栏下方，通过调整长宽数据来调整贴图在纵横方向上的大小。
- 重设大小：点击纵横方向的图标即可使贴图大小还原到默认状态。
- 单独调整大小：点击锁链图表，使其断开，即可单独调整纵横方向的大小。
- 浏览：单击浏览按钮，可从外部选择图片替换掉当前模型中材质的纹理贴图。
- 在外部编辑器中编辑纹理图像：可以打开默认的图片编辑软件对当前模型中的贴图纹理进行编辑。

5. 不透明

用于制作透明材质，最常见的就是玻璃。当不透明度数值为 100 时，材质没有透明效果；当透明度为 0 时，材质完全透明。

打开一个赋予好材质的模型，如图 5-20 所示，在材质编辑器中单击拾取按钮，在场景中拾取玻璃的材质，如图 5-21 所示。

图 5-20　打开模型

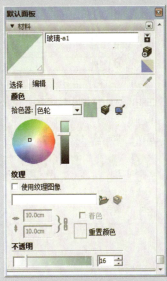
图 5-21　拾取玻璃材质

调整不透明值为 90，如图 5-22 所示，可以看到场景中的玻璃台面效果发生了变化，如图 5-23 所示。

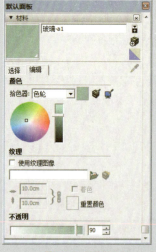

图 5-22　调整不透明

图 5-23　改变玻璃效果

> **绘图技巧**
>
> 任何 SketchUp 的材质都可通过材质编辑器设置透明度。

5.1.3　材质的创建

材质编辑器中的材质有限，在创建较大场景时不能满足用户需求，这就需要自己创建新的材质。下面简单介绍材质的创建过程。

01 激活"材质"工具，打开材质编辑器，如图 5-24 所示。

02 在材质编辑器中单击"创建材质"按钮，打开"创建材质"对话框，如图 5-25 所示。

图 5-24　材质编辑器

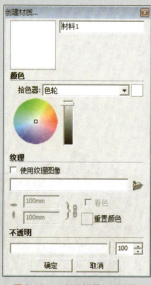

图 5-25　"创建材质"对话框

03 选中"使用纹理图像"复选框，打开"选择图像"对话框，选择需要的贴图文件，如图 5-26 所示。

制作盆栽模型——材质与贴图的应用

04 在"创建材质"对话框中添加了纹理贴图后的效果，如图5-27所示。

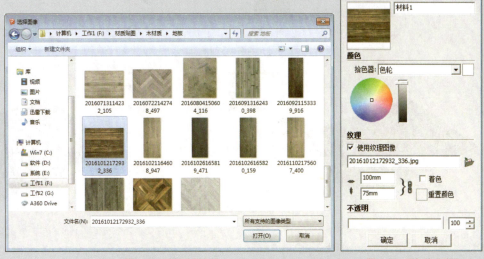

图5-26 选择贴图文件　　　　　图5-27 添加纹理贴图

05 输入材料名称"木地板"，单击"确定"按钮，完成材质的创建，在材质编辑器中即会增加该材质，如图5-28所示。

06 利用"矩形""推/拉"工具创建一个3500mm×300mm×180mm的长方体，如图5-29所示。

图5-28 完成材质的创建　　　　图5-29 创建长方体

07 将"木地板"材质指定给长方体的表面，如图5-30所示。

08 在材质编辑器中单击"解除锁定图像高宽比"按钮，重新调整纹理尺寸，如图5-31所示。

09 效果如图5-32所示。

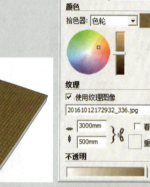
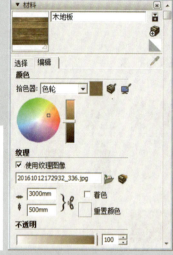

图 5-30　赋予材质效果　　　　　图 5-31　调整纹理尺寸　　　　　图 5-32　最终效果

5.1.4 颜色的填充

利用 Ctrl、Shift、Alt 按键，填充工具可以快速地给多个表面同时分配材质。这些按键可以加快设计方案的材质推敲过程。

1. 单个填充

填充工具会给单个边线或表面赋予材质。如果选中多个物体，就可同时给所有选中的物体上色。

2. 邻接填充

填充一个表面时按住 Ctrl 键，则会同时填充与所选表面相邻并且使用相同材质的所有表面。

如图 5-33 所示为多个群组模型，双击其中一个进入编辑模式，按住 Ctrl 键时，鼠标指针的油漆桶图标会增加三个横向排列的红色点，对一个面进行填充，则该模型的所有面都会被填充，如图 5-34 所示。

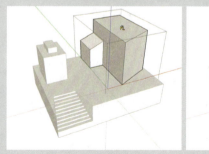
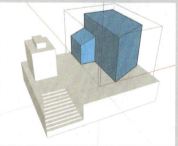

图 5-33　打开模型文件　　　　　图 5-34　填充面

如果先选中多个物体，那么邻接填充操作就会被限制在选集内。

3. 替换材质

填充一个表面时按住 Shift 键，会用当前材质替换所选表面的材质，则模型中所有使用该材质的物体都会同时改变材质。

如图 5-35 所示为两个模型使用相同材质，另选一种材质，按住 Shift 键时，鼠标指针的油漆桶图标会增加三个直角排列的红色点，单击填充其中一个，则另一个模型的材质也会发生改变，如图 5-36 所示。

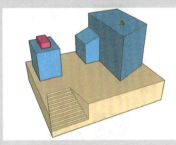 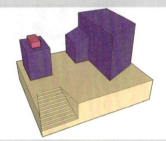

图 5-35　添加材质　　　　　　图 5-36　改变材质

4. 邻接替换

填充一个表面的同时按住 Ctrl 键和 Shift 键，就会实现上述两种的组合效果。填充工具会替换所选表面的材质，但替换的对象限于所选表面有物理连接的几何体中。

如果选中多个物体，那么邻接替换操作会被限制在选集内。

5. 提取材质

激活材质工具时，按住 Alt 键，再单击模型中的实体，就可提取该实体的材质。所提取的材质会被设置为当前材质，然后就可以使用这个材质进行填充了。

6. 给组或者组件上色

当用户给组或者组件上色时，是将材质赋予给整个组或者组件，而不是内部的元素。组或组件中所有分配了默认材质的元素都会继承赋予组件的材质。那些被分配了特定材质的元素则会保留原来的材质不变。

5.2　贴图的应用

在材质编辑器中可以使用 SketchUp 自带的材质库。当然，材质库中只是一些基本贴图，在实际工作中，还需要手动添加材质，以满足实际需要。

■ 5.2.1　贴图的使用与编辑

如果需要从外部获得纹理贴图，可以在材质编辑器的"编辑"选项卡中选中"使用纹理图像"复选框(或者单击"浏览"按钮),打开"选择图像"对话框,选择贴图并导入,如图 5-37 所示。从外部获得的贴图应尽量控制大小,如有必要,可以使用压缩的图像格式来减小文件量,如 jpeg 或 png 格式。

图 5-37　获得外部贴图

5.2.2　贴图坐标的调整

SketchUp 的贴图是作为平铺对象应用的,不管表面是垂直的、水平的还是倾斜的,贴图都附着在表面,不受表面位置的影响。SketchUp 的贴图坐标有两种模式,分为"固定图钉"模式和"自由图钉"模式。

1. "固定图钉"模式

在物体的贴图上单击鼠标右键,在弹出的快捷菜单中选择"纹理"|"位置"命令,如图 5-38 所示,物体的贴图将会以透明方式显示,且在贴图上会出现 4 个彩色的图钉,如图 5-39 所示。

图 5-38　选择"纹理"|"位置"命令

图 5-39　固定图钉

- 蓝色图钉：拖动该图钉可以调整纹理比例或修剪纹理，如图 5-40 所示，点按可抬起图钉，如图 5-41 所示为变形效果。

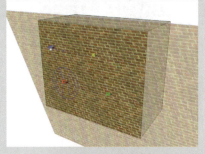 

图 5-40　拖动蓝色图钉　　　　　　　图 5-41　变形效果

- 红色图钉：拖动该图钉可以移动纹理，如图 5-42 所示，点按可抬起图钉，如图 5-43 所示为移动效果。

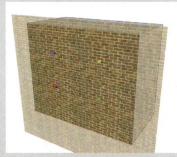 

图 5-42　拖动红色图钉　　　　　　　图 5-43　移动效果

- 黄色图钉：拖动该图钉可以扭曲纹理，如图 5-44 所示，点按可抬起图钉，如图 5-45 所示为扭曲效果。

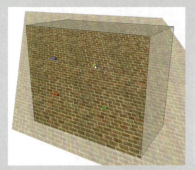 

图 5-44　拖动黄色图钉　　　　　　　图 5-45　扭曲效果

- 绿色图钉：拖动该图钉可以调整纹理比例或旋转纹理，如图 5-46 所示，点按可抬起图钉，如图 5-47 所示为缩放旋转效果。

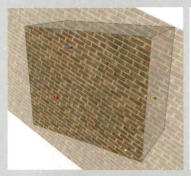
图 5-46 拖动绿色图钉

图 5-47 缩放旋转效果

2. "自由图钉"模式

"自由图钉"模式适用于设置和消除照片的扭曲,在该模式下,图钉相互之间都不受限制,这样就可以将图钉拖动到任意位置。点击鼠标右键,在弹出的快捷菜单中取消选中"固定图钉"选项,即可更改为"自由图钉"模式,如图 5-48 所示,此时 4 个彩色图钉都会变成同样的银色图钉,如图 5-49 所示。

图 5-48 取消选中"固定图钉"选项

图 5-49 自由图钉

5.2.3 贴图技巧

主要包括转角贴图、圆柱体的无缝贴图、投影贴图、球面贴图以及 PNG 镂空贴图等,下面介绍其中的两种技巧。

1. 转角贴图

SketchUp 的贴图可以包裹模型转角位置,下面以一个简单的案例介绍操作方法。

01 创建一个长方体,如图 5-50 所示。

02 将素材中的材质贴图添加到材质编辑器中,设置贴图参数,将材质指定给长方体,如图 5-51 示。

制作盆栽模型——材质与贴图的应用

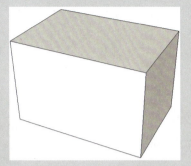

图 5-50　创建长方体

图 5-51　赋予材质

03 在贴图表面单击鼠标右键，在弹出的快捷菜单中选择"纹理"|"位置"命令，如图 5-52 所示。

图 5-52　进入贴图坐标

04 进入贴图坐标的操作状态，单击鼠标右键，在弹出的快捷菜单中选择"完成"选项，如图 5-53 所示。

05 在材质编辑器的"选择"面板中单击"样本颜料"按钮，再到模型中获取材质，如图 5-54 所示。

06 光标变成材质图标 ![icon]，再赋予材质到相邻的面，可以看到材质贴图会自动相接，如图 5-55 所示。

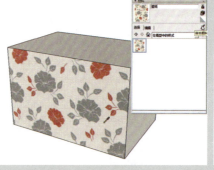

图 5-53　完成操作　　　　　　　图 5-54　获取材质　　　　　　　图 5-55　赋予相邻的面

2. 投影贴图

　　SketchUp 的贴图坐标可以投影贴图，就像将一个幻灯片用投影机投影一样。如果希望在模型上投影地形图像或者建筑图像，那么投影贴图就非常有用了。任何曲面不论是否被柔化，都可以使用投影贴图来实现无缝拼接。下面以一个简单的实例进行介绍。

01 打开素材模型，如图 5-56 所示。

02 选择"文件"|"导入"命令，打开"导入"对话框，选择素材图片，单击"导入"按钮，如图 5-57 所示。

图 5-56　打开素材模型　　　　　　　　　　图 5-57　"导入"对话框

03 在绘图区指定插入点，拖动鼠标调整贴图大小，使之与山地模型相同，如图 5-58 所示。

04 将贴图调整到山地模型正上方，如图 5-59 所示。

05 右击图片，在弹出的快捷菜单中选择"分解"命令，如图 5-60 所示。

06 在材质编辑器的"选择"面板中单击"样板颜料"按钮，在贴图上进行材质取样，如图 5-61 所示。

制作盆栽模型——材质与贴图的应用

图 5-58 调整贴图大小

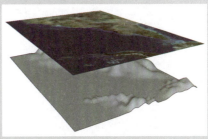
图 5-59 调整贴图位置

图 5-60 分解贴图

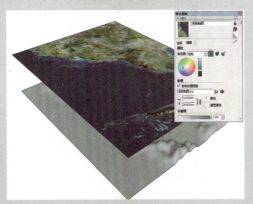
图 5-61 获取材质

07 将提取的材质赋予山地模型后,将贴图图像删除,如图 5-62 所示。

图 5-62 赋予材质

自己练 PRACTICE YOURSELF

■ 项目练习 1：添加材质

操作要领：

（1）使用自带水材质以及草皮材质，并赋予到场景中。
（2）自定义鹅卵石材质并赋予到场景中，如图 5-63 所示。

图纸展示：

图 5-63　添加材质

■ 项目练习 2：制作木桶材质

操作要领：

（1）自定义多种木纹理材质并赋予到木桶模型上。
（2）使用自带颜色材质并赋予到桶箍上，如图 5-64 所示。

图纸展示：

图 5-64　木桶材质

CHAPTER 06

制作轴测模型——
SketchUp的导入与导出

本章概述 SUMMARY

SketchUp是一款面向方案设计的软件，与AutoCAD、3ds max、Photoshop及Piranesi等图形图像软件之间可以相互协作。本章将介绍SketchUp的导入与导出功能。

■ 要点难点

SketchUp导入功能的使用　★★★
SketchUp导出功能的使用　★★★
截面工具的使用　★★☆

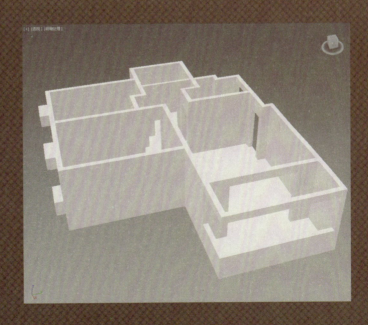

跟我学 LEARN WITH ME

■ 制作居室轴测模型

案例描述：本章将学习 SketchUp 的导入与导出功能，本案例将利用本章以及前面章节所学习到的知识制作一个居室轴测模型。

制作过程

下面将对居室轴测模型的制作过程展开介绍。

01 在 AutoCAD 中打开图形文件，如图 6-1 所示。

02 删除多余的图形，如图 6-2 所示。

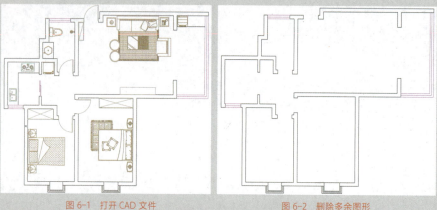

图 6-1　打开 CAD 文件　　　　　　　　图 6-2　删除多余图形

03 启动 SketchUp 应用程序，选择"文件"|"导入"命令，打开"打开"对话框，设置文件类型为 AutoCAD 文件，选择需要的文件，单击"打开"按钮，如图 6-3 所示。

04 将 CAD 文件导入到 SketchUp 中，如图 6-4 所示。

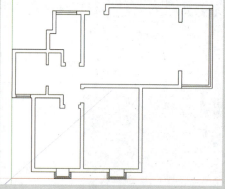

图 6-3　选择文件　　　　　　　　　　　图 6-4　导入文件

05 选择"窗口"|"样式"命令,打开"样式"对话框,在"编辑"选项板中取消选中"轮廓线"选项,如图 6-5 所示。

06 显示效果如图 6-6 所示。

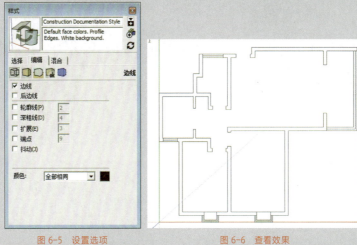

图 6-5 设置选项   图 6-6 查看效果

07 删除多余线条,如图 6-7 所示。

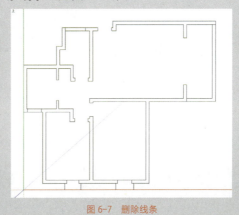

图 6-7 删除线条

08 激活"直线"工具,绘制墙体轮廓,如图 6-8 所示。

图 6-8 绘制墙体轮廓

09 激活"推/拉"工具,将墙体面向上推出 2750mm,如图 6-9 所示。

10 将飘窗面向上推出 650mm,如图 6-10 所示。

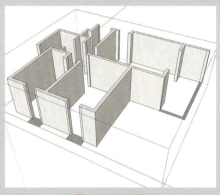

图 6-9 推出墙体　　　　　　图 6-10 推出飘窗

11 将其他窗户面向上推出 900mm,如图 6-11 所示。

12 选择一处窗户的上边线,按住 Ctrl 键并将鼠标向下移动,复制 300mm,如图 6-12 所示。

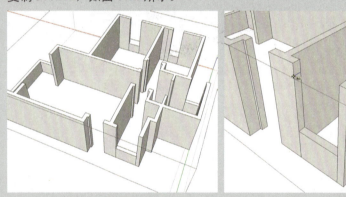

图 6-11 推出窗户　　　　　　图 6-12 移动复制

13 激活"推/拉"工具,将面推出,制作出窗洞造型,如图 6-13 所示。

14 按照此操作方法制作除飘窗外的其他窗户造型,如图 6-14 所示。

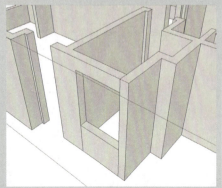
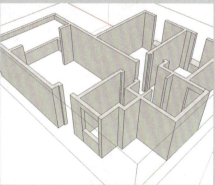

图 6-13 制作窗洞　　　　　　图 6-14 制作其他窗户造型

⑮ 制作 2100mm 高的卧室门洞，2200mm 高的厨房门洞，2400mm 高的阳台门洞，如图 6-15 所示。

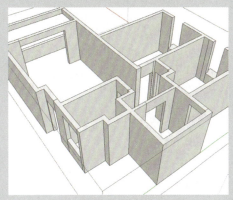

图 6-15　制作门洞

⑯ 选择飘窗上的面，如图 6-16 所示。

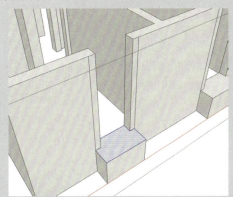

图 6-16　选择面

⑰ 按住 Ctrl 键向上移动鼠标进行复制，如图 6-17 所示。

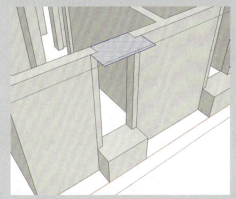

图 6-17　执行复制

⑱ 激活"推 / 拉"工具，将面向下推出 500mm，如图 6-18 所示。

162 / 163

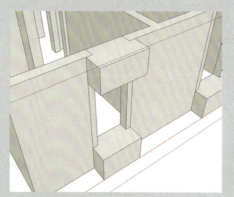

图 6-18 推出面

⑲ 制作另外飘窗的造型，如图 6-19 所示。

⑳ 删除多余线条，完成墙体框架的制作，如图 6-20 所示。

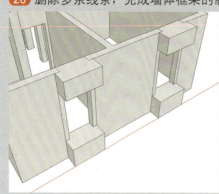
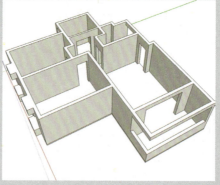

图 6-19 制作飘窗造型　　　　　　图 6-20 完成墙体的制作

㉑ 退出编辑模式，激活"直线"工具，绘制地面，如图 6-21 所示。

㉒ 将地面创建成组，双击鼠标进入编辑模式，激活"推/拉"工具，将地面向下推出 20mm 的厚度，完成居室框架模型的制作，如图 6-22 所示。

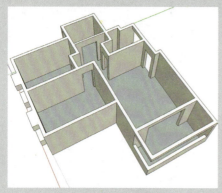

图 6-21 绘制地面　　　　　　图 6-22 完成模型

㉓ 选择"文件"|"导出"|"三维模型"命令，打开"导出模型"对话框，设置导出文件名及路径，如图 6-23 所示。

24 单击"选项"按钮,打开"3DS 导出选项"对话框,进行相关设置,单击"好"按钮返回,再单击"导出"按钮,如图 6-24 所示。

图 6-23 导出模型

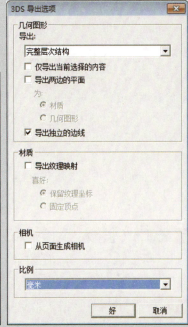

图 6-24 设置导出选项

25 导出完毕后,系统会打开"3DS 导出结果"提示框,如图 6-25 所示。

26 使用 3ds max 应用程序打开导出的文件,如图 6-26 所示。

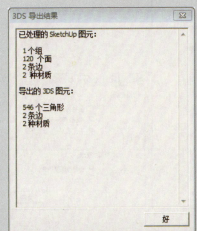

图 6-25 查看导出信息

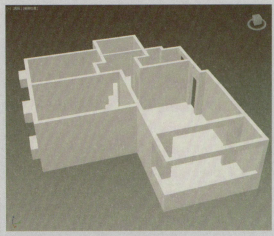

图 6-26 查看导出模型

听我讲 LISTEN TO ME

6.1 SketchUp 的导入功能

SketchUp 中带有 AutoCAD 的 dwg 文件输入接口，可直接利用 AutoCAD 的平面线形作为设计底图的参照。虽然 SketchUp 中的画线功能与 AutoCAD 相差无几，但如果能直接利用现有的 dwg 文件作为底图，可以节省一定的作图时间。

SketchUp 支持方案设计的全过程，除了其本身的三维模型制作功能，还可以通过导入图形来制作出高精度、高细节的三维模型。

6.1.1 导入 AutoCAD 文件

在设计过程中，有些设计师会把 AutoCAD 所建立的二维图形导入到 SketchUp 中，用作建立三维设计模型的底图。操作步骤如下。

01 选择"文件"|"导入"命令，打开"打开"对话框，设置文件类型为"AutoCAD 文件"，选择要导入的 CAD 文件，如图 6-27 所示。

02 单击"选项"按钮，打开"导入 AutoCAD DWG/DXF 选项"对话框，设置比例单位为毫米，选中相关选项，如图 6-28 所示。

图 6-27 "打开"对话框

图 6-28 设置导入选项

03 系统弹出一个进度框，提示导入进度，如图 6-29 所示。

04 导入完毕后，弹出"导入结果"提示框，如图 6-30 所示。

制作轴测模型——SketchUp 的导入与导出

> **绘图技巧**
>
> 导入 CAD 文件的方法非常简单，但是如果操作不当，很容易出现单位错误。单位错误的图形导入到 SketchUp 中是没有任何意义的。

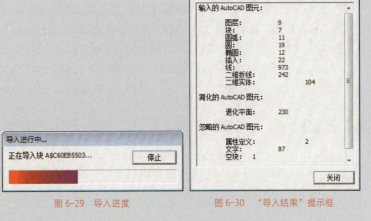

图 6-29　导入进度　　　　图 6-30　"导入结果"提示框

05 关闭提示框，即可在视窗中看到所导入的文件，如图 6-31 所示。

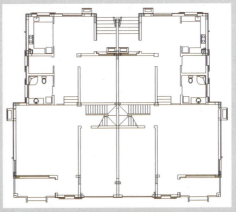

图 6-31　导入效果显示

06 对比 AutoCAD 中的图形效果，可以发现两者并无多大区别，如图 6-32 所示。

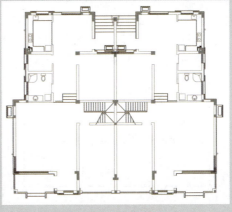

图 6-32　CAD 效果显示

SketchUp 目前支持的 AutoCAD 图形元素包括线、圆形、圆弧、圆、多段线、面、有厚度的实体、三维面、嵌套图块等，还可支持图层。但是实心体、区域、Splines、锥形宽度的多段线、XREFS、填充图案、尺寸标注、文字和 ADT/ARX 等物体，在导入时将会被忽略。

另外，SketchUp 只能识别平面面积超过 0.0001 平方单位的图形，如果导入的模型平面面积低于 0.0001 平方单位，将不能被导入。

> **绘图技巧**
>
> 如果在导入文件前，SketchUp 中已经有了别的实体，那么所导入的图形将会自动合并为一个组，以免与已有图形混淆在一起。

■ 6.1.2 导入 3DS 文件

SketchUp 为 3DS 格式的文件提供了比较好的链接，但是导入之后，仍然需要进行相关细节的调整。

1.3DS 文件导入方法

SketchUp 也支持 3DS 格式的三维文件的导入，操作步骤如下。

01 选择"文件"|"导入"命令，打开"导入"对话框，设置文件类型为"3DS 文件"，选择要导入的 3DS 文件，如图 6-33 所示。

图 6-33 执行导入命令

02 单击"选项"按钮，打开"3DS 导入选项"对话框，选中"合并共面平面"复选框，并设置单位，如图 6-34 所示。

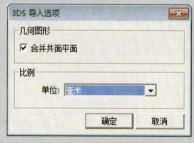

图 6-34 设置选项

03 设置完成后，系统会弹出进度提示框，如图 6-35 所示。

04 文件导入完成后会弹出"导入结果"对话框，如图 6-36 所示。

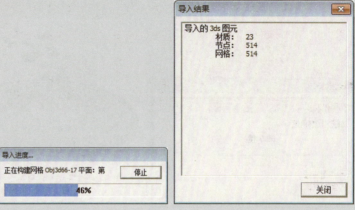

图 6-35 导入进度　　　　图 6-36 "导入结果"对话框

05 关闭提示框，即可看到文件成功导入后的效果，如图 6-37 所示。

图 6-37 查看导入效果

06 对模型进行细节调整，统一正面，修补漏面。单击鼠标右键，在弹出的快捷菜单中选择"柔化/平滑边线"命令，如图 6-38 所示。

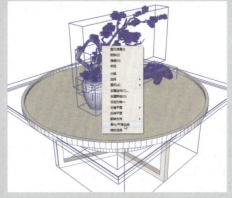

图 6-38 细节调整

07 打开"柔化边线"设置面板，拖动滑块，调整法线之间的角度，如图 6-39 所示。

08 调整后的显示效果如图 6-40 所示。

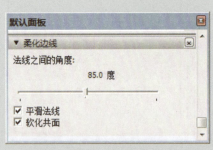

图 6-39　调整角度　　　　　　　　图 6-40　查看显示效果

2. 3DS 文件导入技巧

在 SketchUp 中导入 3DS 文件很容易出现模型移位的问题，如图 6-41 所示。此时可在 3ds max 中将模型转换为可编辑多边形，然后将模型中的其他部分附加为一个整体，如图 6-42 所示。

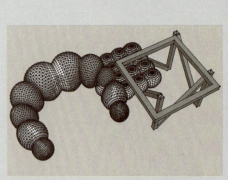

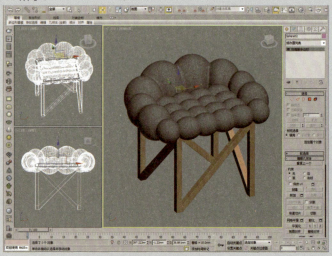

图 6-41　查看图形　　　　　　　　图 6-42　编辑图形

6.1.3　导入二维图像文件

图像对象允许导入图片，支持 JPG、PNG、TIF、TGA 等常用二维图像文件的导入，以 PNG 和 JPG 格式为最佳。图像对象本质上是一个以图像文件做表面的矩形面，能够移动、旋转与缩放，可水平与垂直放置，但不能做成非矩形。图像可以来用来制作广告牌、招牌、地面纹理与背景。

图像分辨率越高越清晰,这取决于 OpenLG 的处理能力,最好的可达 1024×1024 像素,如果需要更大的图像,可以用几张图片进行拼接。

1. 插入图像

有两种方法可以将扫描图像导入 SketchUp 中。第一种是选择"文件"|"导入"命令,第二种是从 Windows 资源管理器里直接将图像拖放到 SketchUp 中。操作步骤如下。

01 选择"文件"|"导入"命令,打开"导入"对话框,设置文件类型为 JPEG 图像,选择要导入的图像文件,如图 6-43 所示。

02 效果如图 6-44 所示。

图 6-43　选择图像文件

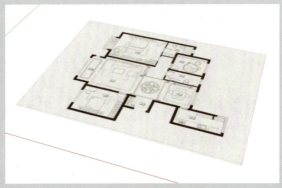

图 6-44　效果图

2. 图像对象的关联命令

对图像对象的操作可以通过在图像上单击鼠标右键打开关联菜单进行。关联命令包括:实体信息、擦除、隐藏/不隐藏、炸开、输出、再装入、缩放、分离、阴影等。例如,电线杆上的标语在地上和以图

像做成的背景上都可以产生投影,然而,背景图像可以设置为不接受投影。只需在关联菜单中取消"阴影"|"接受投影"命令即可。

6.2 SketchUp 的导出功能

SketchUp 可以将场景内的三维模型(包括单面对象)导出,以方便在 Auto CAD 或 3ds max 中进行操作。

6.2.1 导出 AutoCAD 文件

将 SketchUp 中的三维模型导出为 DWG/DXF 格式,操作步骤如下。

01 打开模型文件,如图 6-45 所示。

图 6-45 打开模型文件

02 选择"文件"|"导出"|"三维模型"命令,打开"输出模型"对话框,选择输出位置,并设置输出类型为"AutoCAD DWG 文件",如图 6-46 所示。

图 6-46 设置文件类型

03 单击"选项"按钮,打开"AutoCAD 导出选项"对话框,设置导出文件版本及导出选项,单击"确定"按钮,如图 6-47 所示。

04 返回到"导出模型"对话框,单击"导出"按钮,即可将模型导出,模型导出完毕后,系统会弹出提示框,如图 6-48 所示。

05 打开导出的 AutoCAD 文件,如图 6-49 所示。

图 6-47 设置导出选项

图 6-48 导出文件

图 6-49 打开 AutoCAD 文件

> **绘图技巧**
>
> 在导出 AutoCAD 文件时,可根据需要在"Auto 导出选项"对话框中设置各项参数,如 AutoCAD 的版本及图像元素。

6.2.2 导出常用三维文件

除了 DWG 文件格式外,SketchUp 还可导出 3DS、OBJ、WRL、XSL 等一些常用的三维格式文件。以导出 3DS 文件为例,讲解其操作步骤如下。

1. 导出 3DS 文件

01 打开模型文件,如图 6-50 所示。

02 选择"文件"|"导出"|"三维模型"命令,打开"输出模型"对话框,设置输出类型为 3DS 文件,并设置输出路径,单击"选项"按钮,如图 6-51 所示。

图 6-50 打开模型文件

图 6-51 导出模型

03 打开"3DS 导出选项"对话框，设置相关选项，如图 6-52 所示。

04 设置完毕后关闭"3DS 导出选项"对话框，在"导出模型"对话框中单击"确定"按钮，开始导出（场景模型稍大，需稍等片刻），导出完毕后，系统会弹出"3DS 导出结果"提示框，如图 6-53 所示。

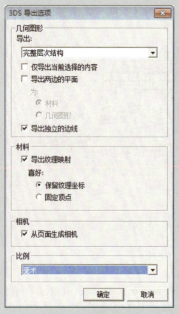
图 6-52 设置导出选项

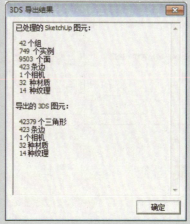
图 6-53 查看导出结果

05 找到导出的 3DS 文件，使用 3ds max 将其打开，可以看到导出的 3DS 文件不但有完整的模型文件，还自动创建了对应的摄影机，如图 6-54 所示。

06 在默认设置下渲染摄影机视窗，如图 6-55 所示。

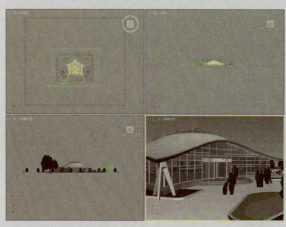
图 6-54 打开导出文件

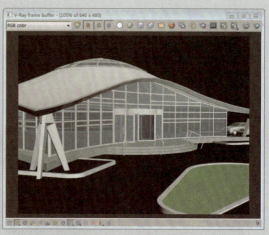
图 6-55 渲染摄影机视窗

2. 设置"3DS 导出选项"对话框

在导出 3DS 文件之前，可对"3DS 导出选项"对话框进行设置，如图 6-56 所示。

该对话框中各项参数含义如下。

- 完整层次结构：使用该选项导出 3DS 文件，SketchUp 会自动进行分析，按照几何体、组及组件定义来导出各个物体。由于 3DS 格式不支持 SketchUp 的图层功能，因此导出时只有最高一级的模型会导出为 3DS 模型文件。
- 按图层：该选项导出 3DS 文件，将以 SketchUp 组件层级的形式导出模型，在同一个组件内的所有模型将转化为单个模型，处于最高层次的组件将被处理成一个选择集。
- 按材料：使用该选项导出 3DS 文件，将以材质类型进行模型的分类。
- 单个对象：使用该选项导出 3DS 文件，将会合并为单个物体，如果场景较大，应该避免选择该项，否则会导出失败或者部分模型丢失。
- 仅导出当前选择的内容：选中该复选框后，仅将 SketchUp 中当前选择的对象导出为 3DS 文件。
- 导出两边的平面：选中其下的"材料"复选框，导出的多边形数量和单面导出的多边形数量一样，但是渲染速度会下降，特别是在开启阴影和反射效果时。此外将无法使用 SketchUp 模型表面背面的材质；选中"几何图形"复选框，结果就会相反，此时将会把 SketchUp 的面都导出两次，一次导出正面，另一次导出背面，导出的多边形数量增加一倍，同时渲染速度下降。

图 6-56　"3DS 导出选项"对话框

- 导出独立的边线：大部分的三维文件都不支持独立边线的功能，3DS 也是如此，选中此复选框后，导出的 3DS 格式文件将创建非常细长的矩形来模拟边线，但是这样会造成贴图坐标出错，甚至整个 3DS 文件无效，因此在默认情况下该选项是不选中的。

- 导出纹理映射：默认情况下该选项为选中，这样在导出 3DS 文件时，其材质也会被同时导出。
- 从页面生成相机：默认情况下该选项为选中，这样导出的 3DS 文件将以当前视图创建摄影机。
- 比例：指定导出模型使用的测量单位。默认设置为模型单位，即 SketchUp 当前的单位。

3. 3DS 格式文件导出的局限性

SketchUp 在导出 3DS 文件后，会丢失一些信息。另外 3DS 格式开发时间较早，存在一定的局限性（如不能保存贴图等），下面来介绍一些需要注意的内容。

1）物体顶点限制

3DS 格式的单个模型最多为 64000 个顶点与 64000 个面，如果导出的 SketchUp 模型超出了这个限制，导出的文件就可能无法导入到其他三维软件中。当然，SketchUp 可自动监视并进行提示。

2）嵌套的组或组件

SketchUp 不能导出多层次组件的层级关系到 3DS 文件中，否则，组中的嵌套会被打散，并附属于最高层级的组。

3）双面的表面

多数三维软件在默认情况下只有表面的正面可见，这样可以提高渲染效率。而 SketchUp 中的两个面都可见，如果导出的模型没有统一法线，导出到别的应用程序后就可能出现丢失表面的现象。这里可以使用翻转法线命令对表面进行手工复位，或者使用同一相邻表面命令，将所有相邻表面的发现方向统一，即可修正多个表面法线的问题。

4）双面贴图

在 SketchUp 中，模型的表面会有正反两个面，但是在 3DS 文件中只有正面的 UV 贴图可以导出。

6.2.3 导出二维图像文件

SketchUp 可以导出的二维图像文件格式有很多，如 JPG、BMP、TGA、TIF、PNG 等，这里以最常见的 JPG 格式为例进行介绍。

01 打开模型文件，选择"文件"|"导出"|"二维图形"命令，如图 6-57 所示。

02 打开"输出二维图形"对话框，设置输出路径、输出类型及输出名称，如图 6-58 所示。

制作轴测模型——SketchUp 的导入与导出

图 6-57　打开模型文件

图 6-58　导出二维图形

03 单击"选项"按钮，打开"导出 JPG 选项"对话框，设置图像大小等导出参数，如图 6-59 所示。

04 导出后效果如图 6-60 所示。

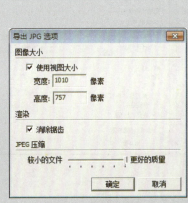

图 6-59　设置导出参数

图 6-60　查看导出效果

6.2.4　导出二维剖切文件

用户还可以将 SketchUp 中剖切到的图形导出为 AutoCAD 可用的 DWG 格式文件，操作步骤如下。

01 打开模型文件，如图 6-61 所示。

02 应用"剖切"工具，在视图中可以看到其内部布局，如图 6-62 所示。

图 6-61 打开模型文件

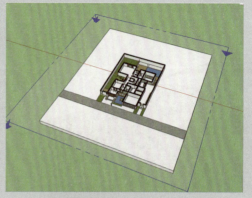
图 6-62 剖切文件

03 选择"文件"|"导出"|"剖面"命令,打开"输出二维剖面"对话框,设置输出类型为"AutoCAD DWG 文件"格式,如图 6-63 所示。

04 单击"选项"按钮,打开"二维剖面选项"对话框,设置参数,如图 6-64 所示。

图 6-63 设置输出类型

图 6-64 设置参数

05 单击"确定"按钮,系统会弹出提示框,如图 6-65 所示。

06 打开导出的文件,如图 6-66 所示。

图 6-65 弹出提示框

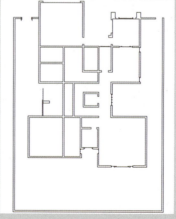
图 6-66 打开文件

6.3 截面工具

为了准确表达建筑物内部结构关系与流动路线关系,通常需要绘制平面布局图及立面剖切图,如图 6-67、图 6-68 所示分别为 AutoCAD 中的平面布局图及立面剖切图。在 SketchUp 中,利用"剖切平面"工具可以快速获得当前场景模型的平面布局图与立面剖切图效果。

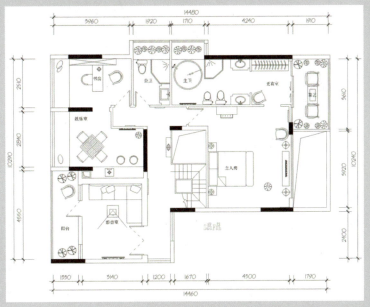

图 6-67 平面布局图

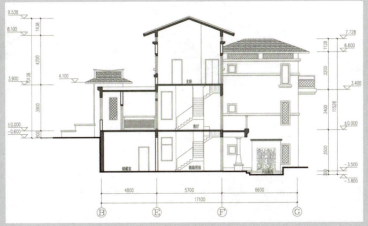

图 6-68 立面剖切图

6.3.1 创建剖切面

在 SketchUp 中,"剖切"这个常用的表达手法不但容易操作,而且可以动态地调整剖切面，生成任意的剖切方案图。操作步骤如下。

01 打开素材文件，该场景为一个封闭的居室空间，如图 6-69 所示。

02 选择"视图"|"工具栏"命令，打开"工具栏"对话框，从中调出"截面"工具栏，如图 6-70 所示。

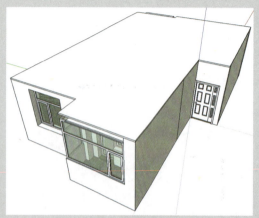

图 6-69 打开素材文件　　　　　　图 6-70 截面工具栏

03 激活"剖切面"工具，在场景中合适位置单击鼠标，创建剖切面，如图 6-71 所示。

04 所创建的剖切面位置过高，可选择剖切符号沿 Z 轴向下移动到合适位置，如图 6-72 所示。

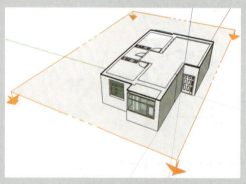
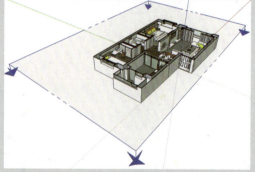

图 6-71 创建剖切面　　　　　　图 6-72 设置剖切点

05 切换成俯视图，选择"相机"|"平面投影"命令，得到剖切面投影视图，如图 6-73 所示。

06 使用"旋转"工具旋转剖切面，可得到不同的剖切效果，如图 6-74 所示。

> **绘图技巧**
>
> 剖切面确定好之后，除了可以在 SketchUp 中直接观看外，还可以切换至顶视图，选择平行投影，并导出对应的 DWG 文件。

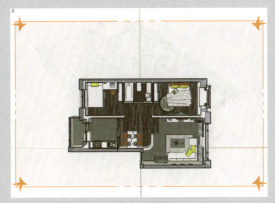

图 6-73　执行"平面投影"命令

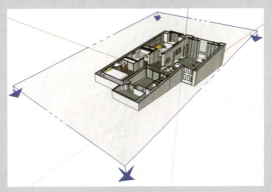

图 6-74　旋转剖切面

6.3.2　剖切面常用操作与功能

在 SketchUp 中，设计师可以根据方案中垂直方向的结构、交通和构件等去选择剖面图，而不是去绘制剖面图。

1. 剖切面的隐藏与显示

创建剖切面并调整好剖切位置后，单击"截面"工具栏中的"显示/隐藏剖切面"工具，即可隐藏/显示剖切效果，如图 6-75 所示。

图 6-75　显示/隐藏剖切面的对比效果

图 6-75 显示/隐藏剖切面的对比效果（续）

此外，还可以单击选择剖切面，当剖切面边框变成蓝色时，右击鼠标，在弹出的快捷菜单中选择"隐藏"命令，同样可以隐藏剖切面，如图 6-76 所示。

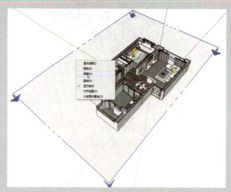

图 6-76 利用快捷菜单隐藏剖切面

2. 翻转剖切面

在剖切面上单击鼠标右键，在弹出的快捷菜单中选择"翻转"命令，即可将剖切面反向剖切，如图 6-77 所示。

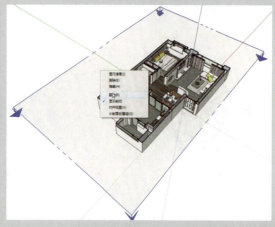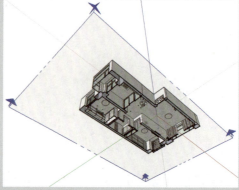

图 6-77 翻转剖切面的对比效果

3. 剖切面的激活与冻结

在剖切面上右击鼠标,在弹出的快捷菜单中选择"显示剖切"命令,即可使剖切效果暂时失效,如图 6-78 所示。

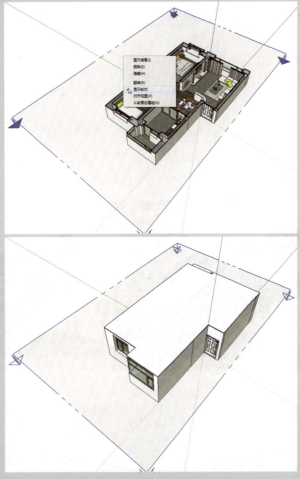

图 6-78 激活 / 冻结剖切面的对比效果

4. 从切口创建群组

在剖切面上右击鼠标,在弹出的快捷菜单中选择"从剖面创建组"命令,即可在剖切位置产生单独剖切线效果,可进行移动、缩放等操作。

自己练 PRACTICE YOURSELF

■ 项目练习 1：导出二维图像

操作要领：

（1）选择"文件"|"导出"|"二维图形"命令，打开"输出二维图形"对话框。

（2）设置保存类型及路径，并设置导出参数，如图 6-79、图 6-80 所示。

图纸展示：

图 6-79　场景效果

图 6-80　导出二维图像

■ 项目练习 2：导入建筑立面图

操作要领：

（1）选择"文件"|"导入"命令，打开"打开"对话框。

（2）设置导入类型为 AutoCAD 文件，选择需要的图形文件，如图 6-81 所示。

图纸展示：

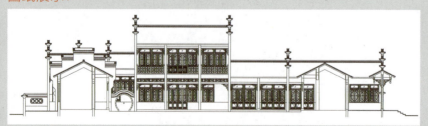
图 6-81　导入建筑立面图

CHAPTER 07

制作冬日别墅场景

本章概述 SUMMARY

本章将利用所学的知识制作一个独特的冬日别墅场景，包括建筑模型的制作、地面造型的制作以及景观小品模型的制作。通过对本章的学习，掌握建模技巧以及特殊场景气氛的营造。

■ 要点难点

别墅主体的创建　★★★★
室外场景的制作　★★★
场景效果的创建　★★★★
整体效果的打造　★★★★★

7.1 制作别墅建筑主体

制作别墅模型大致分为三个大步骤，将 CAD 平面图导入 SketchUp、制作别墅建筑模型、添加家具模型等。

■ 7.1.1 导入 AutoCAD 文件

在制作模型之前，首先导入平面布置图，这可为后面模型的创建节省很多时间，操作步骤如下。

01 在 AutoCAD 中简化图形文件，如图 7-1 所示。

02 启动 SketchUp 应用程序，选择"文件"|"导入"命令，在"导入"对话框中选择 AutoCAD 图形文件，如图 7-2 所示。

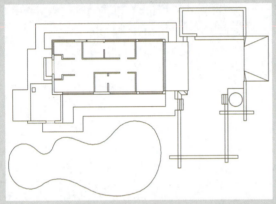
图 7-1 简化图形文件

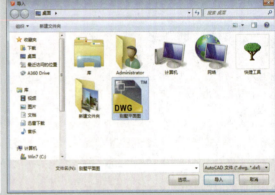
图 7-2 选择图形文件

03 将平面图导入到 SketchUp 中，如图 7-3 所示。

04 选择"窗口"|"默认面板"|"风格"命令，打开"风格"设置面板，在"编辑"选项板中取消选中"轮廓线"选项，如图 7-4 所示。

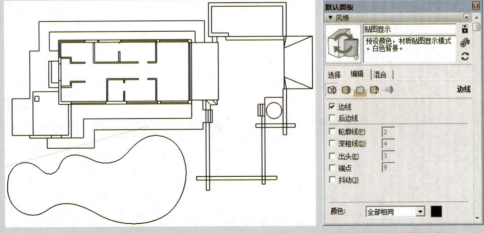
图 7-3 导入平面图　　　　　　图 7-4 设置轮廓线

05 效果如图 7-5 所示。
06 激活"擦除"工具,删除窗户位置的辅助线,如图 7-6 所示。

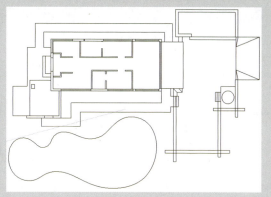

图 7-5 边线效果

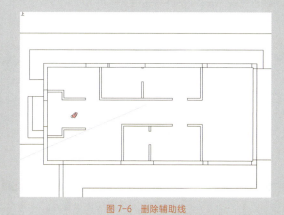

图 7-6 删除辅助线

7.1.2 制作别墅模型

接下来根据导入的平面图形来创建建筑模型,操作步骤如下。
01 激活"直线"工具,绘制墙体平面,如图 7-7 所示。

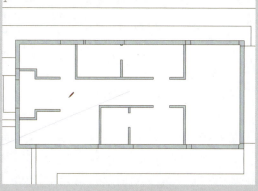

图 7-7 绘制墙体

02 在平面上单击鼠标右键,在弹出的快捷菜单中选择"创建群组"命令,如图7-8所示。

03 将平面图形创建群组,双击鼠标进入编辑模式,如图7-9所示。

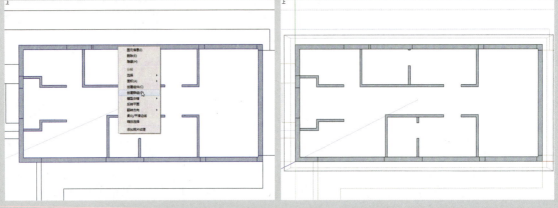

图7-8 创建群组　　　　　　　　　　图7-9 进入编辑模式

04 全选图形,单击鼠标右键,在弹出的快捷菜单中选择"反转平面"命令,如图7-10所示。

05 激活"推/拉"工具,将部分墙体向上推出5960mm,如图7-11所示。

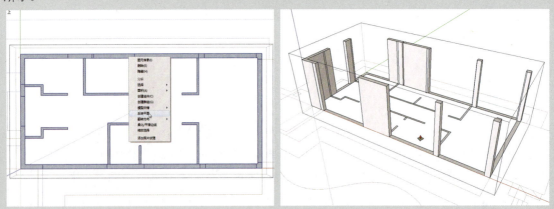

图7-10 反转平面　　　　　　　　　　图7-11 推拉墙体

06 推拉窗户位置的墙体,分别向上推出520mm、900mm、1460mm,如图7-12所示。

07 选择窗户下方的边线,激活"移动"工具,按住Ctrl键,向上移动鼠标并复制,设置移动距离为1230mm,如图7-13所示。

08 激活"推/拉"工具,封闭窗户上方的墙体,如图7-14所示。

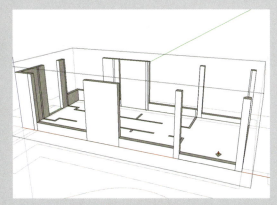

图 7-12 推拉窗户

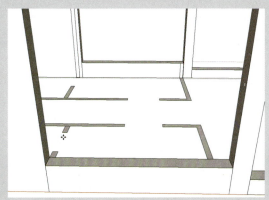

图 7-13 复制边线

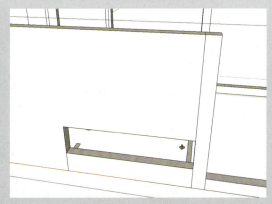

图 7-14 封闭墙体

09 利用同样的操作方法，制作出建筑墙体中的部分门洞及窗洞，如图 7-15 所示。

10 激活"擦除"工具，删除多余线条，如图 7-16 所示。

图 7-15 制作门洞及窗洞
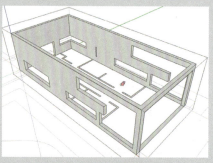
图 7-16 删除多余线条

11 激活"移动"工具，按住 Ctrl 键，移动鼠标并复制墙体边线，上方边线向下移动 880mm、1340mm，左侧边线向右移动 850mm、4020mm，如图 7-17 所示。

12 激活"推拉"工具，推出 400mm，创建窗洞，再删除多余的线条，如图 7-18 所示。

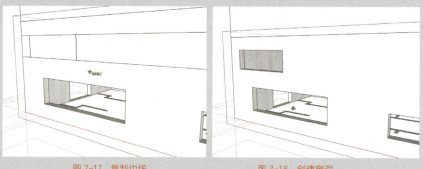
图 7-17 复制边线　　　　　　　图 7-18 创建窗洞

13 利用同样的操作方法制作出二楼其他位置的窗洞，如图 7-19 所示。

14 激活"推/拉"工具，推出室内一层墙体，高度为 2670mm，如图 7-20 所示。

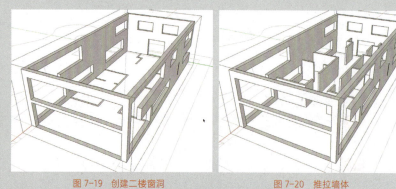
图 7-19 创建二楼窗洞　　　　　图 7-20 推拉墙体

15 导入二层平面框架图，如图 7-21 所示。

制作冬日别墅场景

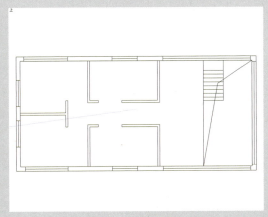

图 7-21 导入框架图

16 删除多余线条，如图 7-22 所示。

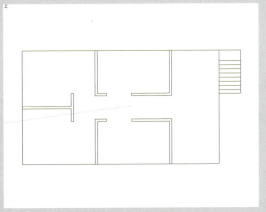

图 7-22 删除多余线条

17 激活"直线"工具，绘制平面，如图 7-23 所示。
18 选择平面并选择"反转平面"命令，如图 7-24 所示。

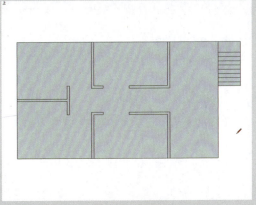

图 7-23 绘制平面

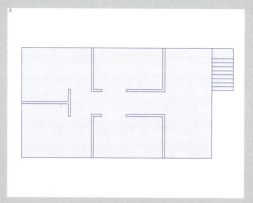

图 7-24 反转平面

19 激活"推/拉"工具，将平面向上推出 540mm，如图 7-25 所示。
20 删除多余线条，并将模型创建群组，留出楼梯图形，如图 7-26 所示。

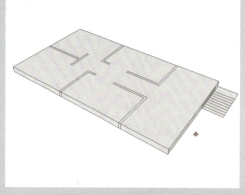

图 7-25 推拉平面　　　　　　　　图 7-26 创建群组

21 双击鼠标进入编辑模式，激活"推/拉"工具，将墙体向上推出 2400mm，如图 7-27 所示。
22 退出编辑模式，选择楼梯图形并将其创建群组，双击鼠标进入编辑模式，如图 7-28 所示。

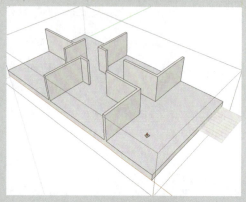
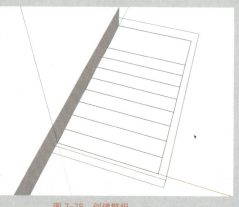

图 7-27 推出墙体　　　　　　　　图 7-28 创建群组

㉓ 激活"推/拉"工具，推出阶梯踏步高度为301mm，如图7-29所示。

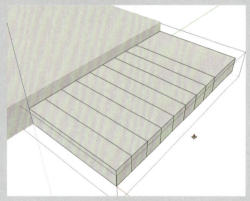

图7-29 推出阶梯

㉔ 继续依次向上推出，制作出阶梯造型，如图7-30所示。

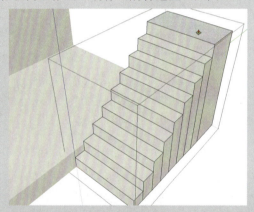

图7-30 制作阶梯

㉕ 删除多余线条，如图7-31所示。

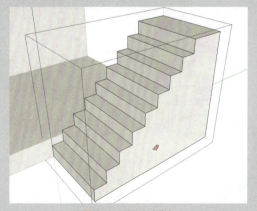

图7-31 删除多余线条

㉖ 选择边线，如图7-32所示。

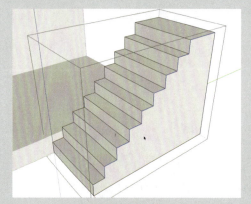

图 7-32 选择边线

㉗ 激活"偏移"工具，偏移 200mm，如图 7-33 所示。

㉘ 激活"直线"工具，绘制直线，如图 7-34 所示。

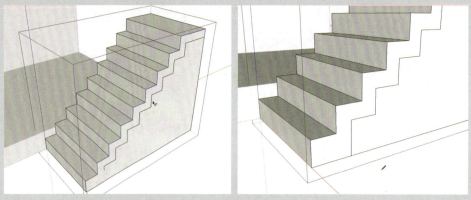

图 7-33 偏移图形　　　　　　　　图 7-34 绘制直线

㉙ 激活"推/拉"工具，将平面向一侧推出 1900mm，如图 7-35 所示。

㉚ 退出编辑模式，激活"移动"工具，将阶梯模型移动到合适位置，如图 7-36 所示。

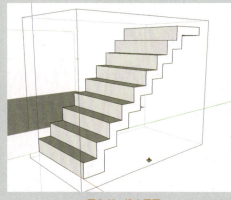
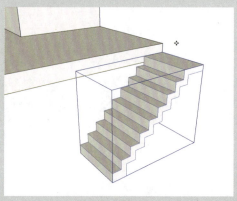

图 7-35 推出平面　　　　　　　　图 7-36 调整阶梯位置

31 将创建好的模型移动到室内,调整到合适位置,如图 7-37 所示。

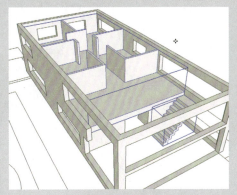

图 7-37 调整位置

32 激活"直线"工具,绘制 8750mm×1150mm 的矩形平面,如图 7-38 所示。

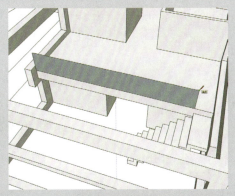

图 7-38 绘制矩形平面

33 继续在阶梯位置绘制垂直的面,高度为 1150mm,如图 7-39 所示。

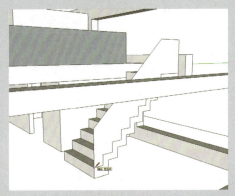

图 7-39 绘制面

34 双击建筑模型进入编辑模式,激活"矩形"工具,捕捉建筑顶部绘制一个矩形平面,如图 7-40 所示。

35 激活"推/拉"工具,将矩形面向下推出350mm,制作出二层顶部,如图7-41所示。

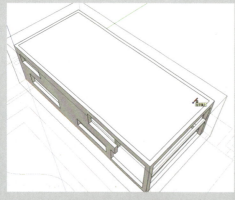
图7-40 绘制矩形平面

图7-41 推出矩形面

36 删除顶部多余线条,激活"移动"工具,按住Ctrl键移动鼠标复制顶部边线,将两侧边线向内复制,移动距离为1880mm、730mm,如图7-42所示。

37 激活"推/拉"工具,将矩形面推出900mm,如图7-43所示。

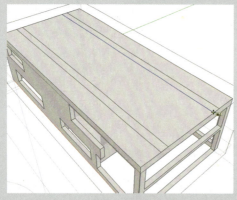
图7-42 复制边线

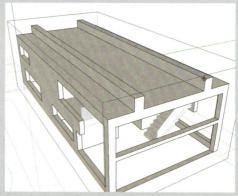
图7-43 推出矩形面

38 激活"弧形"工具,绘制长度为15000mm,高度为800mm的弧形,如图7-44所示。

图7-44 绘制弧线

39 激活"移动"工具,按住 Ctrl 键向上移动鼠标复制弧形,移动距离为 500mm,如图 7-45 所示。

40 激活"直线"工具,绘制直线连接两个弧形,形成一个平面,如图 7-46 所示。

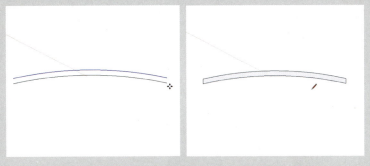

图 7-45 移动弧线　　　图 7-46 绘制平面

41 激活"推/拉"工具,将面推出 26000mm,如图 7-47 所示。

图 7-47 推出面

42 将模型成组,并调整到合适的位置,如图 7-48 所示。

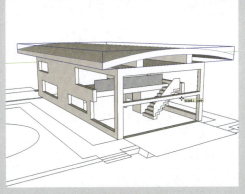

图 7-48 调整位置

7.1.3 制作门窗并添加室内家具装饰

本场景中的建筑门窗造型都非常简单，家具也可以使用下载的成品模型，操作步骤如下。

01 激活"直线"工具，绘制平面，封闭一侧墙面的窗洞，如图7-49所示。

02 选择平面，将其反转，如图7-50所示。

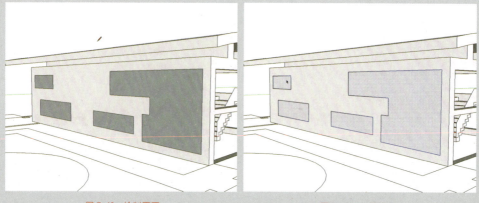

图7-49 绘制平面　　　　　　图7-50 反转平面

03 将平面创建群组，并调整到合适位置上，如图7-51所示。

04 按照同样的操作方法绘制其他墙面的窗户玻璃，如图7-52所示。

图7-51 创建群组　　　　　　图7-52 制作窗户玻璃

05 激活"推/拉"工具，将一楼门洞位置的底面向上推出320mm，如图7-53所示。

06 删除多余线条，激活"矩形"工具，捕捉门洞，绘制矩形，如图7-54所示。

制作冬日别墅场景

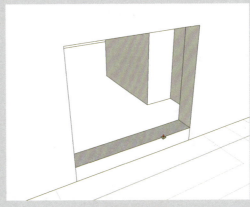

图 7-53 推出底面

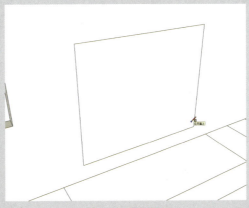

图 7-54 绘制矩形

07 依次激活"直线"工具和"圆"工具，捕捉中点，绘制直线及圆，如图 7-55 所示。

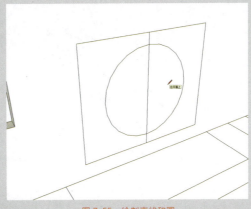

图 7-55 绘制直线和圆

08 激活"移动"工具，按住 Ctrl 键移动鼠标复制直线，移动距离为 80mm，如图 7-56 所示。

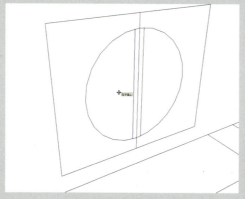

图 7-56 复制直线

09 激活"擦除"工具,删除多余线条,如图 7-57 所示。

10 激活"推/拉"工具,将图形推出 40mm,如图 7-58 所示。

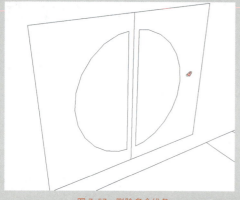

图 7-57 删除多余线条

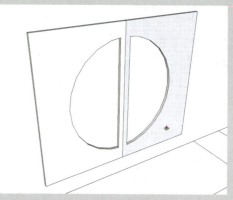

图 7-58 推出图形面

11 将图形成组,制作出门的模型,完成门的制作,如图 7-59 所示。

12 隐藏门窗模型,双击模型进入编辑模式,激活"直线"工具,绘制地面平面,并删除多余线条,如图 7-60 所示。

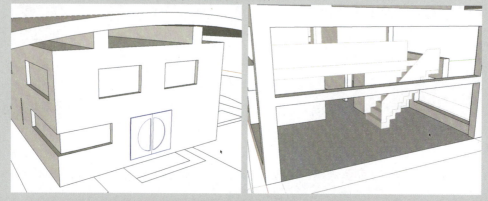

图 7-59 完成门的制作　　　　　图 7-60 绘制地面平面

⑬ 激活"推/拉"工具，将地面向上推出200mm，如图7-61所示。

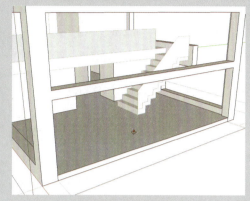

图7-61　推出地面

⑭ 在场景中添加家具、装饰品等模型，并调整到合适的位置，如图7-62所示。

图7-62　添加成品模型

7.2　制作室外场景模型

本小节将介绍室外场景模型的制作，包括创建室外墙体及地面模型、添加建筑小品级装饰品模型等。

7.2.1　制作室外墙体及地面造型

除了制作建筑主体本身，还需要室外建筑造型及建筑小品来进行修饰，操作步骤如下。

① 激活"直线"工具，绘制室外地面，如图7-63所示。

② 依次激活"弧形"工具以及"圆形"工具，绘制小湖泊轮廓及圆形，如图7-64所示。

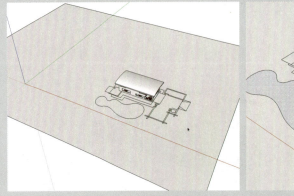
图 7-63 绘制室外地面

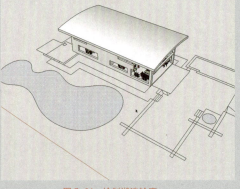
图 7-64 绘制湖泊轮廓

03 将室外图形创建成组,双击鼠标进入编辑模式,如图 7-65 所示。

04 激活"推/拉"工具,将建筑门外的面向上依次推出 160mm,制作出阶梯踏步造型,如图 7-66 所示。

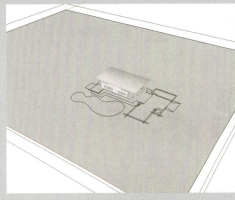
图 7-65 创建成组

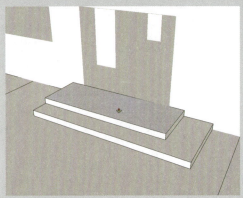
图 7-66 制作阶梯踏步

05 将另一侧室外的平台向上推出 200mm,如图 7-67 所示。

06 推出室外墙体高度为 3430mm,柱子高度为 2600mm,如图 7-68 所示。

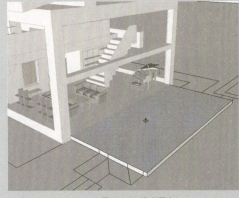
图 7-67 推出平台

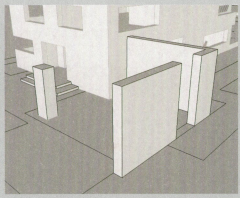
图 7-68 推出墙体和柱子

07 激活"移动"工具,按住 Ctrl 键,用鼠标将墙体的一条线向下移动复制,移动距离为 1030mm,如图 7-69 所示。

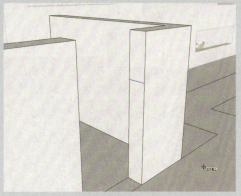

图 7-69 复制边线

08 激活"推/拉"工具,制作门洞,并删除多余的边线,如图 7-70 所示。

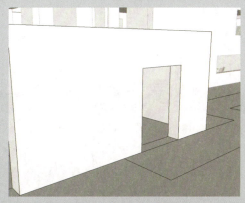

图 7-70 制作门洞

09 激活"直线"工具,绘制 7200mm×200mm 的长方形,如图 7-71 所示。

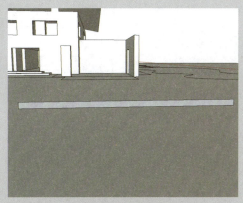

图 7-71 绘制长方形

⑩ 激活"移动"工具，按住 Ctrl 键移动鼠标复制右侧的线条，移动距离为 2200mm，如图 7-72 所示。

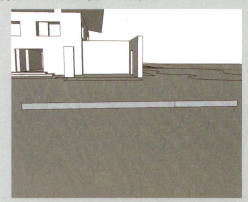

图 7-72 复制线条

⑪ 激活"户型"工具，绘制两条高度为 250mm 的弧线，如图 7-73 所示。

⑫ 删除多余线条，如图 7-74 所示。

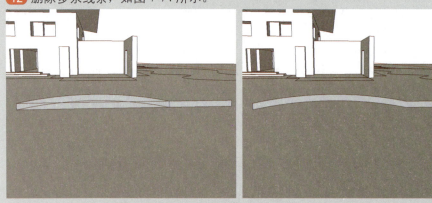

图 7-73 绘制弧线　　　　　　图 7-74 删除多余线条

⑬ 激活"推/拉"工具，将面推出 6000mm，如图 7-75 所示。

⑭ 将模型创建成组，移动到合适的位置，如图 7-76 所示。

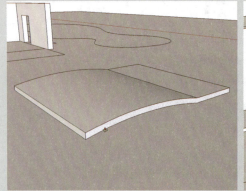 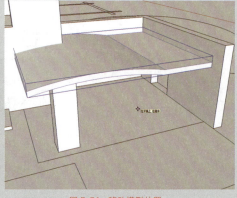

图 7-75 推出面　　　　　　图 7-76 移动模型位置

15 激活"推/拉"工具,将小湖泊面向下推出400mm,如图7-77所示。

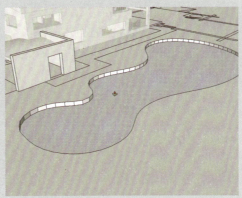

图7-77 推出湖泊

16 选择湖泊底面,激活"移动"工具,按住Ctrl键向上移动鼠标并复制,如图7-78所示。

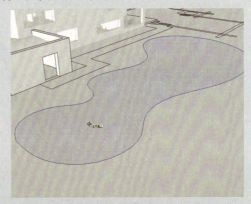

图7-78 移动复制底面

17 将休闲区域的平面向下推出1370mm,如图7-79所示。

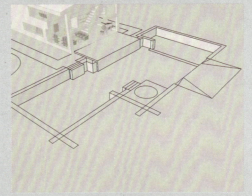

图7-79 推出平面

18 删除多余线条,如图7-80所示。

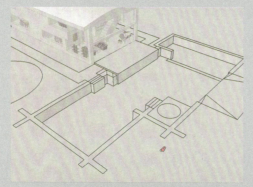

图 7-80　删除多余线条

19 激活"推/拉"工具，向上推出 150mm，制作出矮墙造型，如图 7-81 所示。

20 依次推出阶梯、水池造型，如图 7-82 所示。

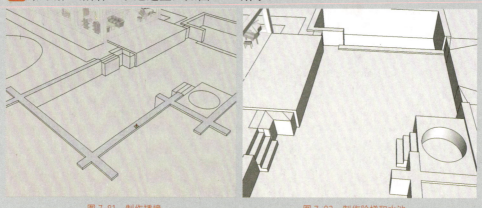

图 7-81　制作矮墙　　　　　　　　图 7-82　制作阶梯和水池

21 将大水池的底部面向上移动复制，移动距离为 1520mm，如图 7-83 所示。

22 将小水池的底部面向上移动复制，移动距离为 800mm，如图 7-84 所示。

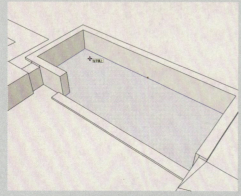
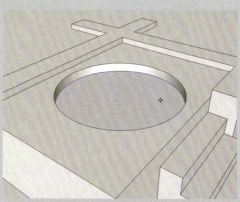

图 7-83　复制大水池面　　　　　　图 7-84　复制小水池面

23 隐藏大水池上层的面，激活"移动"工具，按住 Ctrl 键移动鼠标复制底部线条，如图 7-85 所示。

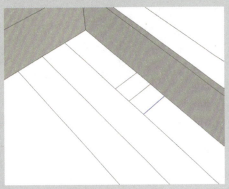

图 7-85　复制线条

24 激活"直线"工具，绘制直线，如图 7-86 所示。

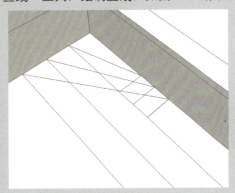

图 7-86　绘制直线

25 删除多余线条，如图 7-87 所示。

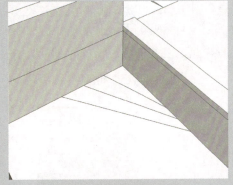

图 7-87　删除多余线条

26 激活"推/拉"工具，向上推出 300mm，制作阶梯，如图 7-88 所示。

27 隐藏小水池的面，如图 7-89 所示。

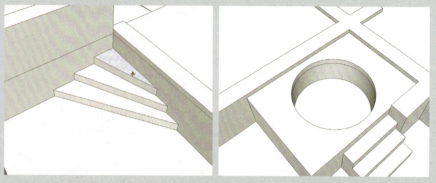

图 7-88 制作阶梯　　　　　　图 7-89 隐藏面

28 激活"偏移"工具，将底部的圆向内偏移 550mm，如图 7-90 所示。

29 激活"推/拉"工具，将底面向上推出 400mm，制作小水池中的台阶造型，如图 7-91 所示。

图 7-90 偏移圆　　　　　　图 7-91 制作阶梯

30 取消隐藏，退出编辑模式，激活"直线"工具，在水池表面绘制 2600mm×2000mm 的矩形，如图 7-92 所示。

31 激活"弧形"工具，在矩形表面绘制曲线造型，如图 7-93 所示。

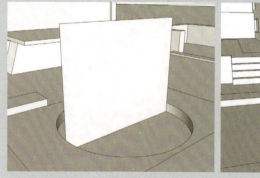

图 7-92 绘制矩形　　　　　　图 7-93 绘制曲线造型

32 删除多余线条，制作出雾气造型，如图7-94所示。

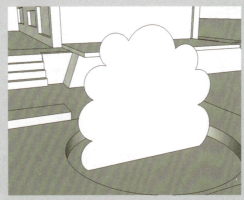

图7-94 制作雾气造型

33 选择图形，单击鼠标右键，在弹出的快捷菜单中选择"创建组件"命令，如图7-95所示。

图7-95 执行"创建组件"命令

34 打开"创建组件"对话框，为组件命名，选中"总是朝向相机"复选框，系统会自动选中"阴影朝向太阳"选项，如图7-96所示。

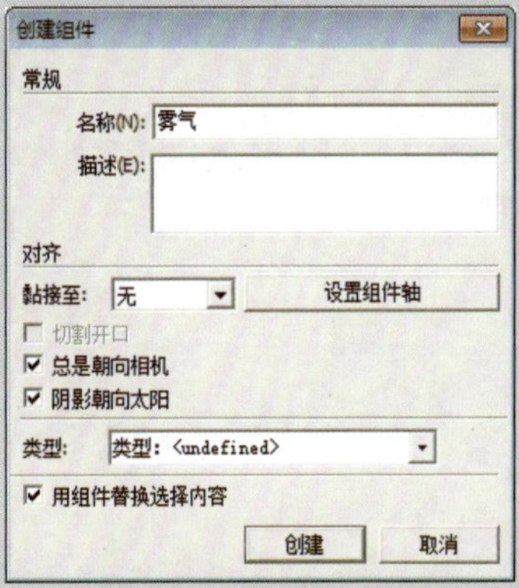

图7-96 "创建组件"对话框

35 单击"设置组件轴"按钮，返回到场景中，选择组件轴位置，这里设置在图形的底部中心位置上，如图7-97所示。

36 双击鼠标，返回到"创建组件"对话框，单击"创建"按钮，完成组件的创建，如图 7-98 所示。

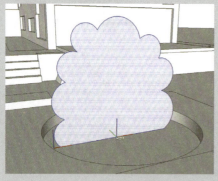 

图 7-97　设置轴位置　　　　　　　图 7-98　完成组件的创建

37 绕轴观察视图，可以看到，所创建的组件总是正面朝向，如图 7-99 所示。

38 将视线移动到旁边，选择线段，向下移动到与底部平面重合，如图 7-100 所示。

 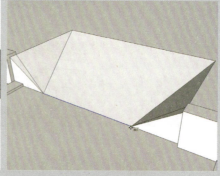

图 7-99　绕轴观察　　　　　　　图 7-100　移动边线

39 使用直线工具捕捉角点绘制直线，再删除外侧的线条，制作出斜坡造型，如图 7-101 所示。

40 按照同样的操作方法，制作其他位置的斜坡，如图 7-102 所示。

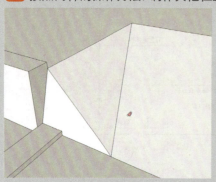 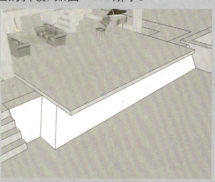

图 7-101　制作斜坡　　　　　　　图 7-102　制作其他位置斜坡

㊶ 取消隐藏，如图 7-103 所示。

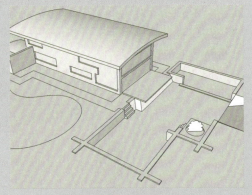

图 7-103　取消隐藏

㊷ 激活"直线"工具，绘制道路线条，如图 7-104 所示。

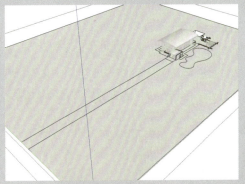

图 7-104　绘制道路

㊸ 激活"移动"工具，按住 Ctrl 键，用鼠标将两侧线条向内移动复制，距离设置为 1000mm，如图 7-105 所示。

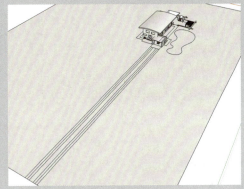

图 7-105　移动复制

7.2.2　制作建筑小品

接下来制作建筑小品造型，操作步骤如下。

01 利用"矩形"工具和"推/拉"工具，绘制400mm×400mm×70mm的长方体，如图7-106所示。

02 激活"直线"工具，在一个角上分割出边长为30mm的等边直角形，如图7-107所示。

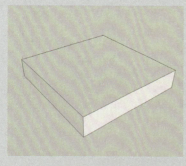
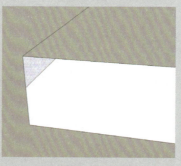

图7-106　绘制长方体　　　　图7-107　绘制直线

03 激活"路径跟随"工具，在三角形位置按住鼠标不放，环绕一周制作出梯形造型，如图7-108所示。

04 将模型创建成组，激活"矩形"工具，在模型表面绘制一个矩形并创建成组，移动到合适位置，如图7-109所示。

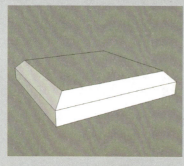
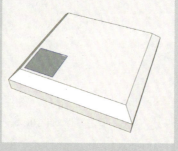

图7-108　路径跟随操作　　　　图7-109　绘制矩形

05 双击矩形进入编辑模式，激活"推/拉"工具，将矩形推出2250mm，如图7-110所示。

06 退出编辑模式，复制模型，如图7-111所示。

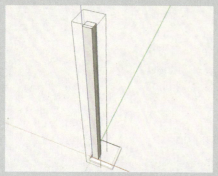
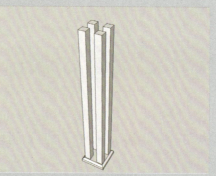

图7-110　推出矩形　　　　图7-111　复制模型

07 继续复制模型，间距为3150mm×4150mm，如图7-112所示。

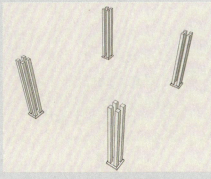

图7-112 继续复制模型

08 激活"直线"工具，绘制竖直方向的矩形5500mm×160mm，如图7-113所示。

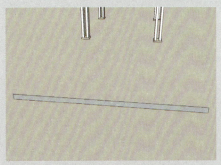

图7-113 绘制矩形

09 将其创建成组，双击进入编辑模式，激活"移动"工具，按住Ctrl键，对边线进行移动复制，上下各移动20mm，左右各移动250mm，如图7-114所示。

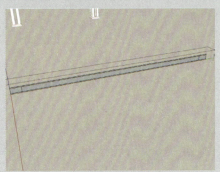

图7-114 移动复制边线

10 激活"直线"工具，连接角点，删除多余直线，如图7-115所示。

11 激活"推拉"工具，将面推出120mm，退出编辑模式，如图7-116所示。

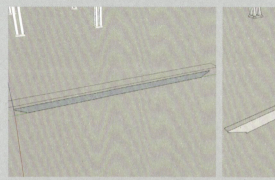
图 7-115 绘制并删除

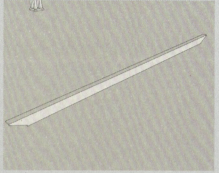
图 7-116 推出面

12 移动到合适位置，再复制到另一侧，如图 7-117 所示。

13 按照同样的操作方法制作长 4500mm 的模型，移动复制并调整到合适位置，如图 7-118 所示。

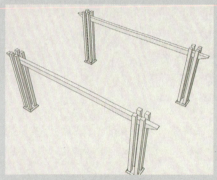
图 7-117 调整位置并复制

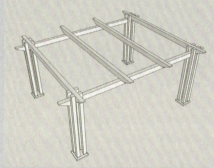
图 7-118 绘制模型并复制

14 按照同样的操作方法制作长 6100mm 的模型，移动复制并调整到合适位置，完成廊架模型的制作，如图 7-119 所示。

15 将模型移动到合适位置，如图 7-120 所示。

图 7-119 制作模型并复制

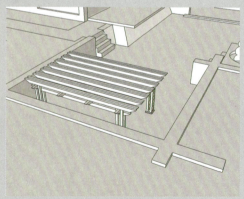
图 7-120 移动模型

16 在场景中的廊架下添加桌椅模型，如图 7-121 所示。

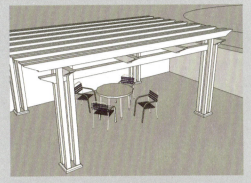

图 7-121　添加桌椅模型

17 复制桌椅模型和汽车模型并放置到北墙门外及车棚下，如图 7-122 所示。

图 7-122　添加桌椅和汽车模型

18 在建筑周围添加树木模型，如图 7-123 所示。

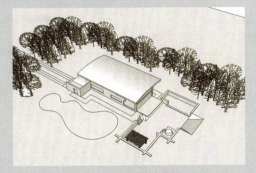

图 7-123　添加树木模型

7.3　场景效果

模型制作到这一步，整体的轮廓已经清晰，只差最后为场景添加材质及背景效果。

7.3.1 添加背景效果及材质

首先为场景制作背景，操作步骤如下。

01 激活"直线"工具，绘制240000mm×42000mm的竖向矩形，如图7-124所示。

02 将面反转，再创建成组，利用旋转工具和移动工具，调整矩形的角度和位置，如图7-125所示。

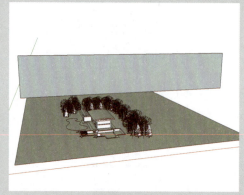

图7-124 绘制矩形

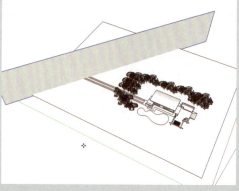

图7-125 调整角度和位置

03 选择"窗口"|"默认面板"|"风格"命令，打开"风格"设置面板，切换到"编辑"选项板，如图7-126所示。

04 选中"天空"复选框，设置天空颜色为蓝色，如图7-127所示。

图7-126 "编辑"选项板

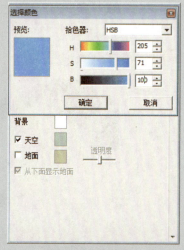

图7-127 设置天空颜色

05 场景效果如图7-128所示。

06 在工具栏中单击"材质"按钮，打开材质编辑器，选择半透明材质中的灰色半透明玻璃，如图7-129所示。

图 7-128 场景效果　　　　图 7-129 玻璃材质

07 鼠标指针变成油漆桶样式,将材质赋予建筑中的玻璃模型,如图 7-130 所示。

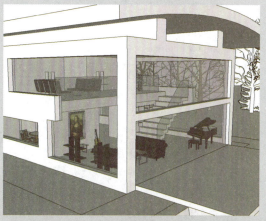

图 7-130 赋予玻璃材质

08 切换到"编辑"选项板,调整颜色及透明度,观察背景效果的变化,如图 7-131 所示。

图 7-131 调整颜色与透明度

09 创建石材材质,为建筑外墙赋予材质,如图 7-132 所示。
10 在木质纹中选择浅色地板木质纹,赋予室内地面及楼梯,如图 7-133 所示。

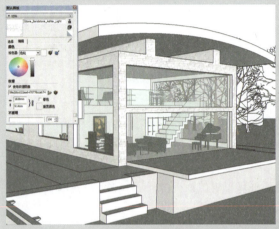

图 7-132 石材材质 1

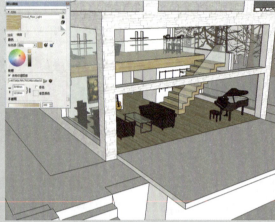

图 7-133 木地板材质

11 创建壁板材质,将材质赋予场景中的屋顶、室外平台等对象,如图 7-134 所示。
12 创建地面石材材质,将材质赋予场景中的地面,如图 7-135 所示。

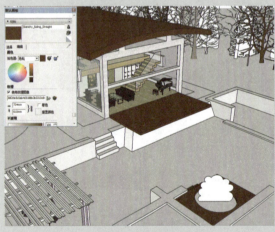

图 7-134 壁板材质

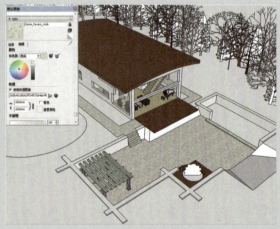

图 7-135 石材材质 2

13 创建石材材质,将材质赋予场景中的地面,如图 7-136 所示。
14 创建石板材质,将材质赋予场景中的矮墙,如图 7-137 所示。
15 创建水纹材质,将材质赋予场景中的水池表面及湖泊表面,如图 7-138 所示。

制作冬日别墅场景

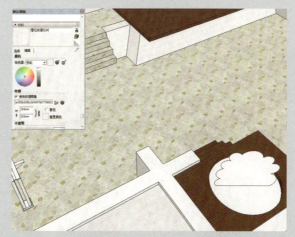
图 7-136 石材材质 3

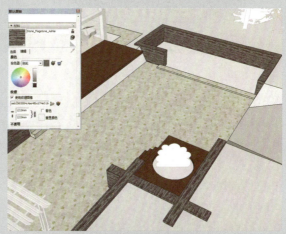
图 7-137 石材材质 4

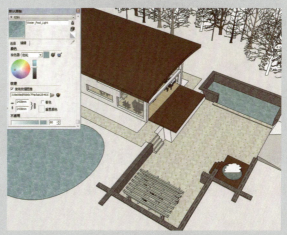
图 7-138 水纹材质

16 创建半透明的水雾材质,将材质赋予雾气造型,如图 7-139 所示。

17 在植被素材中选择草皮植被 1,将材质赋予场景中的地面部分,如图 7-140 所示。

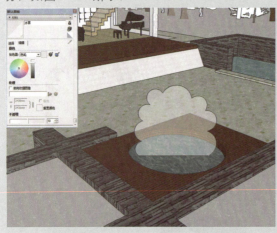 

图 7-139 雾气材质　　　　　　　　　　　图 7-140 草皮材质

18 在木质纹材质中选择原色樱桃木,将材质赋予廊架模型,如图 7-141 所示。

19 保持原色樱桃木质纹材质的选择,单击"创建材质"按钮,如图 7-142 所示。

20 打开"创建材质"设置面板,为新材质命名,调整纹理尺寸,如图 7-143 所示。

图 7-141 木纹材质　　　　图 7-142 创建材质　　　　图 7-143 设置新材质

21 单击"确定"按钮,完成创建,并将材质赋予门模型,如图 7-144 所示。

22 按照同样的操作方法创建阶梯材质，如图 7-145 所示。

图 7-144　为门赋予材质

图 7-145　创建阶梯材质

23 在沥青和混凝土材质中选择烟雾效果骨料混凝土和压模方石混凝土，将材质赋予路面，如图 7-146 所示。

24 创建天空材质，纹理图像采用外部贴图，将材质赋予天空平面，如图 7-147 所示。

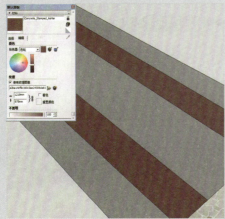

图 7-146　路面材质

图 7-147　天空贴图

7.3.2　阴影及整体效果调整

整体场景模型制作完毕，接下来要添加阴影等效果，以增加场景的冬季氛围，操作步骤如下。

01 选择"视图"|"阴影"命令，开启阴影效果，如图 7-148 所示。

02 调整时间、日期以及亮度暗度，观察场景效果，如图 7-149 所示。

图 7-148 开启阴影

图 7-149 调整阴影设置

03 选择"视图"|"雾化"命令,开启雾化效果,重新调整角度,选择"视图"|"动画"|"添加场景"命令,保存场景,完成制作,如图 7-150 所示。

图 7-150 保存场景

CHAPTER 08

制作住宅小区场景

本章概述 SUMMARY

本章将利用所学知识制作一个住宅小区场景，包括多层住宅楼建筑模型的创建、别墅模型的创建以及场景环境的完善。通过对本章的学习，掌握建模技巧及场景气氛的营造。

■ 要点难点

建筑模型的创建　★★★
材质的添加　　　★★★
阴影与水印的应用　★★☆

8.1 制作多层及高层建筑

本小节要制作的是多层及高层建筑模型。主要是利用导入的 CAD 平面图进行单层建筑模型的创建，再进行复制操作，最后制作室外地面造型并添加树木等模型。

8.1.1 导入 AutoCAD 文件

在制作模型之前，首先导入平面布置图，这可为后面模型的创建节省很多时间，操作步骤如下。

01 在 AutoCAD 中打开素材图形文件，如图 8-1 所示。
02 删除多余图形，简化图纸，如图 8-2 所示。

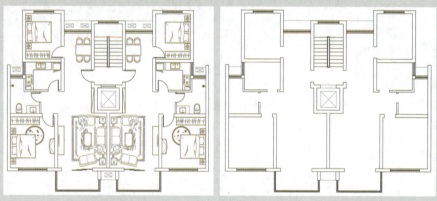

图 8-1 打开文件　　　　　　　图 8-2 简化图纸

03 启动 SketchUp 应用程序，选择"文件"|"导入"命令，在"导入"对话框中选择 AutoCAD 图形文件，如图 8-3 所示。
04 单击"选项"按钮，打开"导入 AutoCAD DWG/DXF 选项"对话框，设置相关参数，单击"确定"按钮，如图 8-4 所示。

图 8-3 选择 CAD 图形文件　　　　图 8-4 设置参数

05 将平面图导入到 SketchUp 中，如图 8-5 所示。

06 激活"擦除"工具，删除窗户、电梯等多余线条，如图 8-6 所示。

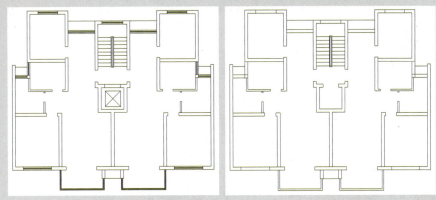

图 8-5　导入平面图　　　　　　图 8-6　删除多余线条

8.1.2　制作住宅楼单体

接下来根据导入的平面图形制作住宅楼单体，操作步骤如下。

01 激活"直线"工具，连接墙体平面，如图 8-7 所示。

02 选择平面，单击鼠标右键，在弹出的快捷菜单中选择"创建群组"命令，如图 8-8 所示。

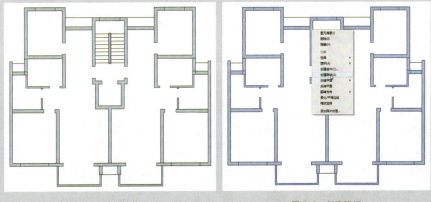

图 8-7　绘制墙体　　　　　　图 8-8　创建群组

03 将图形平面创建群组，双击进入编辑模式，如图 8-9 所示。

04 全选图形，单击鼠标右键，在弹出的快捷菜单中选择"反转平面"命令，将所有平面反转，如图 8-10 所示。

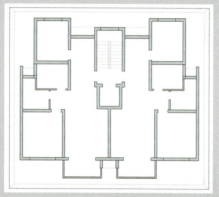
图 8-9 进入编辑模式

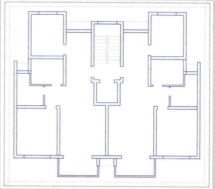
图 8-10 反转平面

05 激活"推/拉"工具,将部分墙体向上推出 2880mm,如图 8-11 所示。

06 推拉窗户位置的墙体,分别向上推出 300mm、900mm、1680mm,如图 8-12 所示。

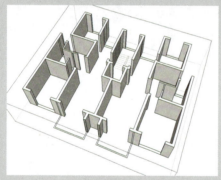
图 8-11 推出墙体

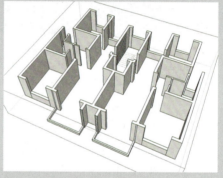
图 8-12 推出墙体

07 激活"移动"工具、"推/拉"工具创建门洞和窗洞,如图 8-13 所示。

08 选择阳台地台,激活"移动"工具,按住 Ctrl 键用鼠标向上复制,如图 8-14 所示。

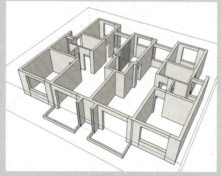
图 8-13 创建门洞和窗洞

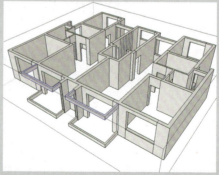
图 8-14 复制阳台造型

09 删除墙体上多余线条，如图 8-15 所示。
10 退出编辑状态，激活"矩形"工具，捕捉窗洞绘制矩形，如图 8-16 所示。

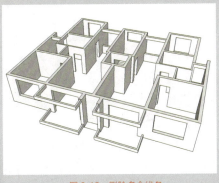

图 8-15 删除多余线条　　　　　图 8-16 绘制矩形

11 将矩形创建群组，双击进入编辑状态，激活"偏移"工具，将矩形边框向内偏移 60mm，如图 8-17 所示。
12 激活"移动"工具，按住 Ctrl 键用鼠标复制内部边线，如图 8-18 所示。

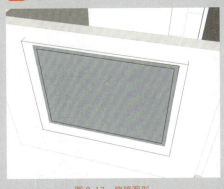 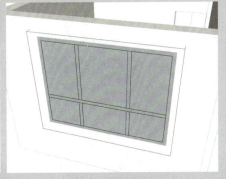

图 8-17 偏移图形　　　　　图 8-18 复制边线

13 删除内部的面以及多余线条，如图 8-19 所示。
14 激活"推/拉"工具，将面推出 60mm，制作出窗框，如图 8-20 所示。

图 8-19 删除面及线条　　　　　图 8-20 制作窗框

15 激活"矩形"工具与"推/拉"工具，创建厚度为 12mm 的长方体作为玻璃，放置到窗框中，如图 8-21 所示。

16 按照同样的操作方法创建其他位置的窗户模型,如图 8-22 所示。

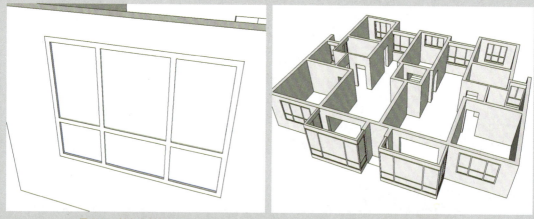

图 8-21 创建玻璃模型　　　　　　　　图 8-22 制作其他窗户模型

17 激活"直线"工具和"推/拉"工具,制作出厚度为 100mm 的空调外机平台,如图 8-23 所示。

18 选择所有模型并创建群组,向上复制出 11 层,如图 8-24 所示。

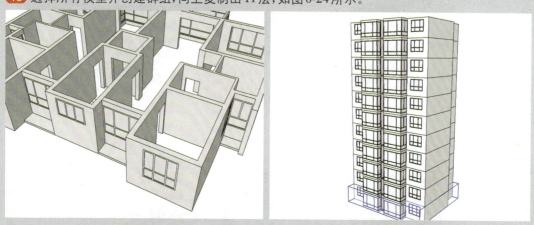

图 8-23 制作空调外机平台　　　　　　图 8-24 复制模型

8.1.3　制作建筑单元入口及顶部

接下来制作建筑单元入口及顶部,操作步骤如下。

01 双击一层模型,删除一层楼梯位置的窗户,如图 8-25 所示。

02 激活"推/拉"工具,将窗户底面向下推到底,将窗户改作门洞,如图 8-26 所示。

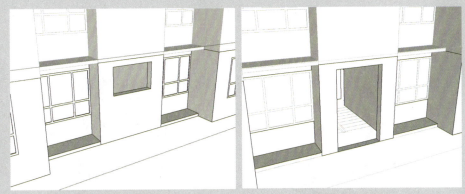

图 8-25 删除窗户模型　　　　　图 8-26 制作门洞

03 激活"直线"工具,捕捉建筑底部一圈绘制出面,并创建群组,如图 8-27 所示。

04 双击鼠标进入编辑模式,激活"推/拉"工具,将面向下推出 600mm,如图 8-28 所示。

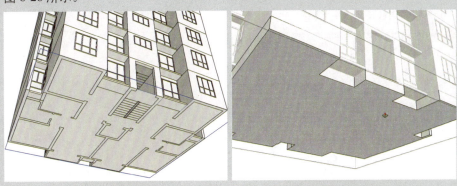

图 8-27 绘制底面　　　　　图 8-28 向下推出面

05 将一层入口处的墙体推出 1500mm,如图 8-29 所示。

06 激活"移动"工具,按住 Ctrl 将边线向下依次复制,复制距离为 150mm,如图 8-30 所示。

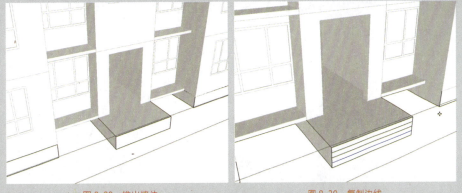

图 8-29 推出墙体　　　　　图 8-30 复制边线

07 激活"推/拉"工具,推出 300mm 的阶梯踏步,如图 8-31 所示。

08 激活"矩形"工具，捕捉绘制矩形并创建群组，移动到合适的位置，如图 8-32 所示。

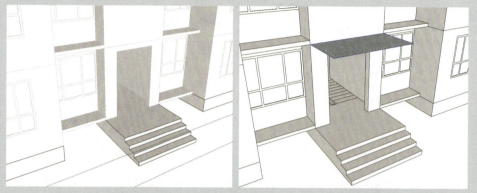

图 8-31　推出阶梯踏步　　　　　　图 8-32　绘制矩形

09 双击进入编辑模式，激活"推/拉"工具，将面向上推出 400mm，如图 8-33 所示。

10 按住 Ctrl 键，继续向上推出 100mm，如图 8-34 所示。

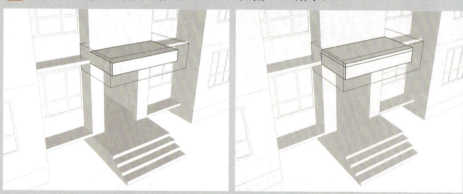

图 8-33　向上推拉出面　　　　　　图 8-34　继续向上推拉

11 将周边向外推出 50mm，删除多余线条，如图 8-35 所示。

12 按照同样的操作方法继续创建一层，如图 8-36 所示。

图 8-35　向外推出　　　　　　图 8-36　继续创建

⑬ 利用"矩形"工具和"推/拉"工具制作柱子,完成入口的制作,如图 8-37 所示。

⑭ 复制建筑模型,如图 8-38 所示。

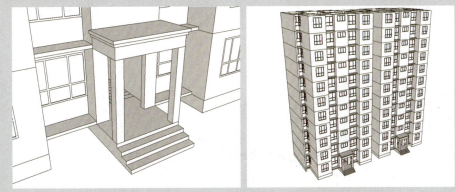

图 8-37　制作柱子造型　　　　　　图 8-38　复制建筑模型

⑮ 激活"直线"工具,在楼顶部捕捉绘制面,如图 8-39 所示。

⑯ 将面创建群组,双击进入编辑模式,激活"推/拉"工具,将面向上推出 400mm,如图 8-40 所示。

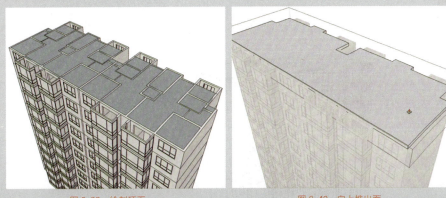

图 8-39　绘制顶面　　　　　　图 8-40　向上推出面

⑰ 导入一个 350mm 的线条图形,如图 8-41 所示。

⑱ 将线条图形移动到屋顶的一处,如图 8-42 所示。

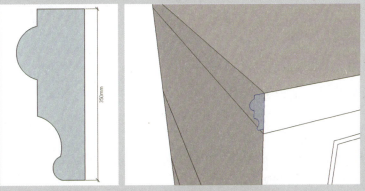

图 8-41　导入线条图形　　　　　　图 8-42　移动线条图形

19 激活"路径跟随"工具,制作出屋顶轮廓模型,如图 8-43 所示。

20 隐藏所有模型,激活"直线"工具,继续捕捉顶部绘制一个面,如图 8-44 所示。

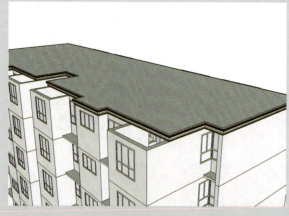
图 8-43 路径跟随操作

图 8-44 绘制顶面

21 激活"推/拉"工具,将面向上推出 1000mm,再取消隐藏所有模型,完成多层建筑单体模型的制作,如图 8-45 所示。

图 8-45 完成单体模型的制作

8.1.4 制作高层住宅楼群

继续制作高层住宅楼群,操作步骤如下。

01 激活"矩形"工具,绘制 80000mm×30000mm 的矩形,如图 8-46 所示。

02 激活"圆弧"工具,制作半径为 3000mm 的圆角,如图 8-47 所示。

制作住宅小区场景

图 8-46　绘制矩形　　　　　图 8-47　制作圆角

03 激活"偏移"工具，将边线向内偏移 1500mm，如图 8-48 所示。

04 激活"推 / 拉"工具，将内部的面向上推出 200mm，将外圈的面向上推出 100mm，如图 8-49 所示。

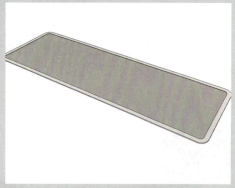

图 8-48　偏移边线　　　　　图 8-49　推拉模型

05 将住宅楼模型移动到合适位置，距两侧均为 4000mm，如图 8-50 所示。

06 激活"移动""推 / 拉"工具，制作单元入口地面造型，如图 8-51 所示。

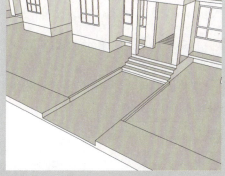

图 8-50　调整模型位置　　　　　图 8-51　制作单元入口地面

07 再制作另一单元楼入口地面造型，如图 8-52 所示。

08 激活"材质"工具，打开材质编辑器，如图 8-53 所示。

图 8-52 制作另一处单元入口地面

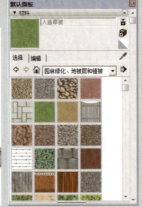
图 8-53 打开材质编辑器

09 选择"人造草被"材质,赋予草皮地面,如图 8-54 所示。

10 选择"多色石块"材质,赋予人行步道,如图 8-55 所示。

图 8-54 赋予草被材质

图 8-55 赋予地面材质

11 从自带材质中选择"翻滚处理砖块"材质,创建"墙砖1"材质,调整贴图尺寸,如图 8-56 所示。

12 将材质赋予一层墙体模型,如图 8-57 所示。

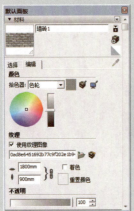

图 8-56 创建"墙砖1"材质

图 8-57 赋予材质

⑬ 创建"墙砖2"材质,调整贴图尺寸,如图8-58所示。

⑭ 将材质赋予其他楼层,如图8-59所示。

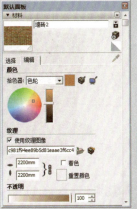

图8-58 创建"墙砖2"材质　　　图8-59 赋予材质

⑮ 选择"黑灰"材质,赋予窗框,如图8-60所示。

图8-60 赋予黑灰色材质

⑯ 选择"灰色半透明玻璃"材质,赋予场景中的玻璃模型,如图8-61所示。

图8-61 赋予玻璃材质

17 选择"灰色"材质，赋予建筑单元入口以及建筑顶部，如图 8-62 所示。

18 复制建筑模型，再复制单元入口路面造型，如图 8-63 所示。

图 8-62 赋予灰色材质

图 8-63 复制建筑及路面造型

19 激活"移动""推/拉"工具，制作两个建筑之间宽 3000mm 的道路，如图 8-64 所示。

图 8-64 制作楼间道路

8.1.5 添加室外装饰

接下来添加室外装饰，操作步骤如下。

01 添加灌木模型并进行复制，如图 8-65 所示。

02 添加树木模型并进行复制，如图 8-66 所示。

制作住宅小区场景

图 8-65　添加并复制灌木模型

图 8-66　添加并复制树木模型

03 复制模型，并调整前排楼层，如图 8-67 所示。

图 8-67　复制模型并调整楼层

04 复制住宅楼模型，布置出高层住宅区，如图 8-68 所示。

图 8-68　布置高层住宅区

8.2　制作别墅区建筑

SketchUp 可以将场景内的三维模型（包括单面对象）导出，以方便在 Auto CAD 或 3ds max 中重新打开。

■ 8.2.1　制作别墅主体建筑模型

接下来制作别墅主体建筑模型，操作步骤如下。

01 将别墅 CAD 图纸导入到 SketchUp 中，如图 8-69 所示。

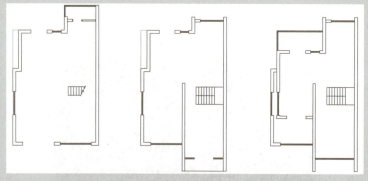

图 8-69　导入图纸

02 分解图形，激活"直线"工具，捕捉绘制墙体轮廓，如图 8-70 所示。

03 激活"推 / 拉"工具，将墙体向上推出 4000mm，如图 8-71 所示。

04 激活"移动""推 / 拉"工具，制作出 600mm 高的门洞及窗洞上梁，如图 8-72 所示。

05 制作 1200mm 高的窗台，删除多余线条，如图 8-73 所示。

制作住宅小区场景

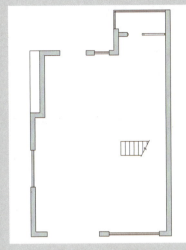

图 8-70 绘制墙体轮廓　　　　图 8-71 推出墙体

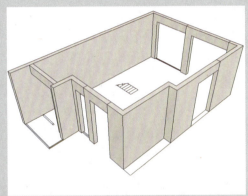
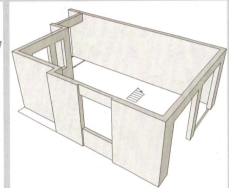

图 8-72 制作门洞及窗洞上梁　　　　图 8-73 制作窗台

06 激活"直线""推/拉"工具,推出 2400mm 的平台,删除多余线条,如图 8-74 所示。

07 激活"直线"工具,封闭顶部的面,如图 8-75 所示。

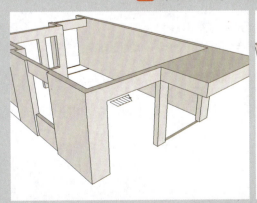
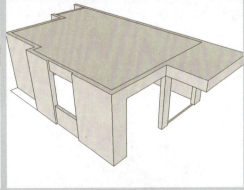

图 8-74 推出平台　　　　图 8-75 绘制顶面

08 将墙体模型创建群组,激活"矩形"工具,绘制地面,如图8-76所示。

09 激活"推/拉"工具,将地面向下推出600mm,如图8-77所示。

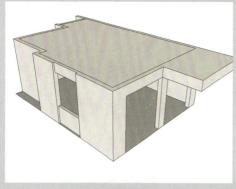

图 8-76 绘制地面　　　　　　　　图 8-77 向下推出地面

10 将入户位置的地面向外推出1200mm的平台,如图8-78所示。

11 将地面模型创建群组,双击进入编辑模式,激活"移动"工具,向下复制边线,设置距离为150mm,如图8-79所示。

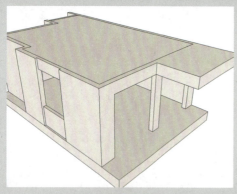 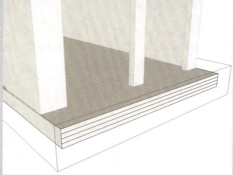

图 8-78 推出平台　　　　　　　　图 8-79 复制边线

12 激活"推/拉"工具,推出300mm宽的踏步,如图8-80所示。

13 激活"矩形"命令,捕捉门洞绘制一个矩形,如图8-81所示。

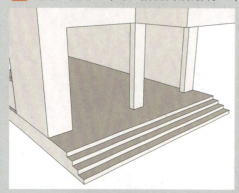 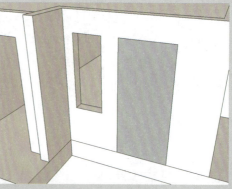

图 8-80 推出踏步　　　　　　　　图 8-81 绘制矩形

14 将矩形创建群组，双击进入编辑状态，激活"偏移"工具，将矩形边框向内偏移 50，如图 8-82 所示。

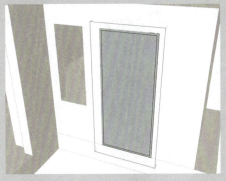

图 8-82 偏移图形

15 分别激活"直线""移动"工具，绘制宽 50mm、高 2200mm 的门框轮廓，如图 8-83 所示。

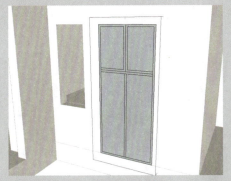

图 8-83 绘制门框轮廓

16 激活"推/拉"工具，推出 50mm 的窗框厚度，如图 8-84 所示。

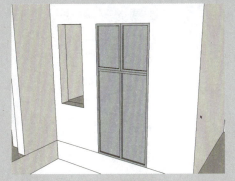

图 8-84 推出窗框

17 按照同样的操作方法制作其他门窗模型，完成一层模型的制作，如图 8-85 所示。

18 删除二层平面图中多余的线条，如图 8-86 所示。

⑲ 激活"直线"工具，绘制墙体轮廓，如图 8-87 所示。

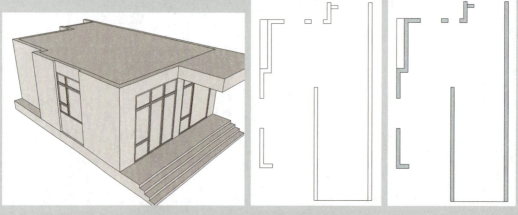

图 8-85　完成一层模型　　　　图 8-86　删除多余线条　　　　图 8-87　绘制墙体轮廓

⑳ 激活"推/拉"工具，推出 3700mm 的墙体，如图 8-88 所示。
㉑ 利用"移动""推/拉"工具制作门洞及窗洞造型，如图 8-89 所示。

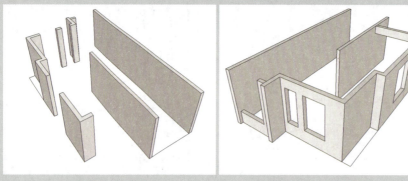

图 8-88　推出墙体　　　　　　图 8-89　制作门洞及窗洞

㉒ 激活"矩形"工具，绘制空调外机平台。激活"推/拉"工具，将该平台向上推出 100mm，如图 8-90 所示。
㉓ 将模型创建群组，与一层模型对齐，如图 8-91 所示。

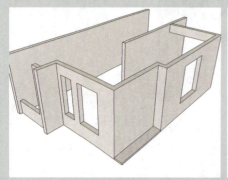 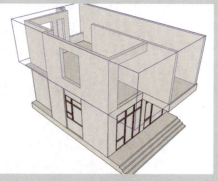

图 8-90　绘制空调外机平台　　　图 8-91　对齐模型

24 对两层模型进行统一调整，使外墙墙体与窗户能够相互匹配，如图 8-92 所示。

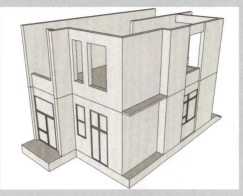

图 8-92　调整模型

25 按照同样的操作方法制作二层的门窗模型，如图 8-93 所示。

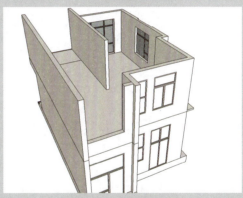

图 8-93　制作二层门窗模型

26 激活"直线"工具，为二层添加顶面，如图 8-94 所示。

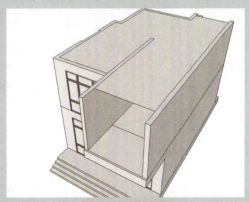

图 8-94　绘制顶面

27 制作宽 1200mm 的一层挡雨板，如图 8-95 所示。

28 删除三层平面图中多余线条，如图 8-96 所示。

㉙ 激活"直线"命令，绘制墙体轮廓，如图 8-97 所示。

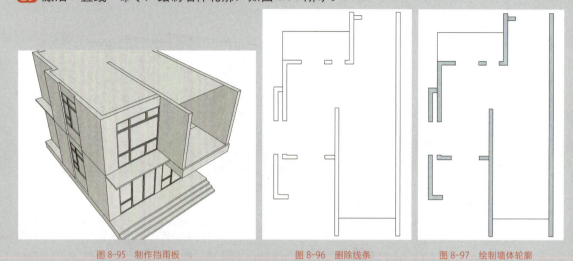

图 8-95　制作挡雨板　　　　　图 8-96　删除线条　　　　　图 8-97　绘制墙体轮廓

㉚ 激活"推/拉"工具，推出 4000 和 1100mm 高的墙体，删除多余线条，如图 8-98 所示。

㉛ 制作高 1000mm 的门窗上梁，如图 8-99 所示。

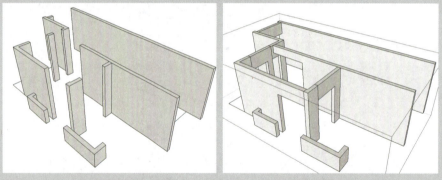

图 8-98　推出墙体　　　　　图 8-99　制作门窗上梁

㉜ 制作高 900mm、300mm 的地台及窗台，如图 8-100 所示。

㉝ 将三层模型移动到二层模型上对齐，如图 8-101 所示。

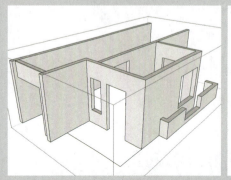 

图 8-100　制作地台和窗台　　　　　图 8-101　对齐二层和三层墙体模型

34 复制二层窗户模型到三层,并进行适当的尺寸调整,使其与门窗洞匹配,如图 8-102 所示。

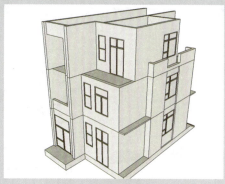

图 8-102 复制窗户模型并调整

35 激活"矩形"工具,捕捉一侧的窗洞绘制一个矩形,如图 8-103 所示。

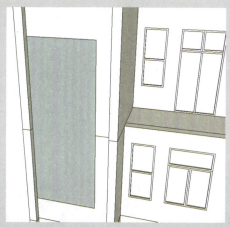

图 8-103 绘制矩形

36 激活"偏移""移动"工具,绘制出窗格造型,如图 8-104 所示。

37 激活"偏移"工具,将窗格中的十字造型边线向内偏移 30mm,如图 8-105 所示。

图 8-104 绘制窗格造型　　　图 8-105 偏移边线

㊳ 激活"推/拉"工具,推出窗框造型,如图 8-106 所示。

㊴ 复制窗户模型到另一侧并进行旋转,调整到合适位置,对模型尺寸进行调整,使其整体高度高出墙体 400mm,如图 8-107 所示。

图 8-106 推出窗框　　　图 8-107 复制并调整窗户模型

㊵ 双击墙体模型进入编辑状态,激活"直线"工具,分割墙体,如图 8-108 所示。

㊶ 激活"推/拉"工具,推拉墙体顶部造型,如图 8-109 所示。

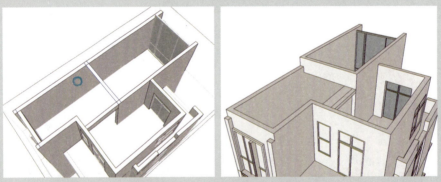

图 8-108 分割墙体　　　图 8-109 推拉墙体

㊷ 分别激活"直线""推/拉"工具,制作屋顶,如图 8-110 所示。

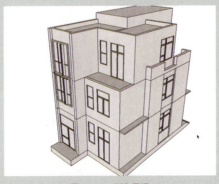

图 8-110 制作屋顶

8.2.2 制作栏杆构件

这里要制作的构件主要是栏杆模型,该场景中包括两种样式的栏杆造型,操作步骤如下。

01 激活"直线"工具,捕捉拐角绘制直线,如图 8-111 所示。

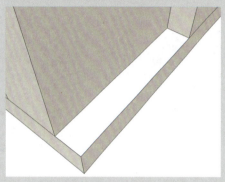

图 8-111 绘制直线

02 选择直线,再激活"偏移"工具,将直线向内依次偏移 50mm、50mm,如图 8-112 所示。

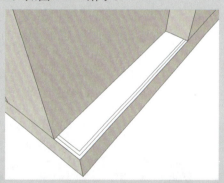

图 8-112 偏移图形

03 激活"直线""推/拉"工具,制作高 50mm 的模型,并创建群组,如图 8-113 所示。

图 8-113 推拉模型

04 激活"移动"工具,向上移动并复制模型,设置间距为50mm,如图8-114所示。

05 双击最上方的模型进入编辑状态,激活"推/拉"工具,将栏杆扶手外侧的面向外推出50mm,完成空调外机平台栏杆模型的制作,如图8-115所示。

06 将模型创建群组,并复制到二层,如图8-116所示。

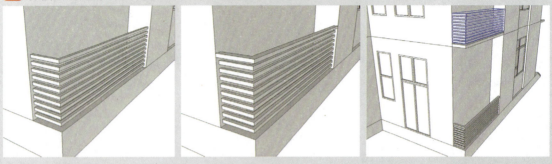

图 8-114 复制模型　　　　图 8-115 推拉扶手模型　　　　图 8-116 创建群组并复制

07 复制模型到其他位置,并进行调整,如图8-117所示。

08 制作另外一种栏杆模型。激活"直线""推/拉"工具,制作50mm×100mm的栏杆扶手,如图8-118所示。

09 激活"矩形""推/拉"工具,制作50mm×50mm×1000mm的栏杆立柱,创建群组,如图8-119所示。

  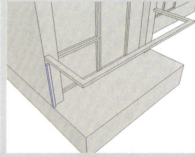

图 8-117 复制并调整造型　　　　图 8-118 制作栏杆扶手　　　　图 8-119 制作立柱

10 双击鼠标进入编辑状态,激活"偏移"工具,将上方的边线向内偏移15mm,激活"推/拉"工具,将中间的面向上推出,如图8-120所示。

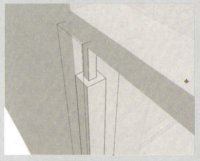

图 8-120 偏移并推拉

11 激活"矩形"工具,绘制 750mm×1000mm 的矩形面,放置到栏杆位置,如图 8-121 所示。

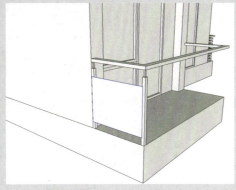

图 8-121 绘制矩形

12 复制面和立柱,进行调整,完成该阳台栏杆模型的制作,如图 8-122 所示。

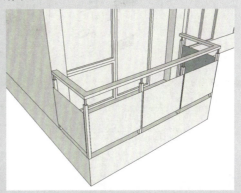

图 8-122 复制面和立柱

13 复制栏杆模型到其他位置,进行调整,完成整体别墅模型的创建,如图 8-123 所示。

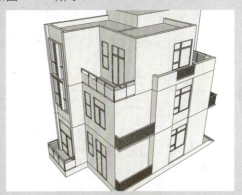

图 8-123 复制并调整栏杆模型

8.2.3 为别墅添加材质

别墅模型制作完毕后,这里为其赋予材质。本案例中的别墅模型为现代风格,整体建筑简单大方,在材质的使用上也较为简单,操作步骤如下。

01 激活"材质"工具,打开材质编辑器,选择一种深蓝色,如图 8-124 所示。

02 将材质赋予门框、窗框以及栏杆模型,如图 8-125 所示。

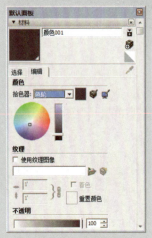
图 8-124 设置材质

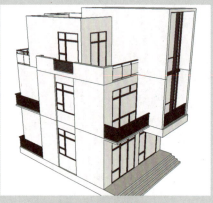
图 8-125 赋予深蓝色材质

03 在材质编辑器中选择"灰色半透明玻璃"材质,单击"创建材质"按钮,打开"创建材质"设置面板,为材质重命名为"玻璃",如图 8-126 所示。

04 选中"使用纹理图像"复选框,在打开的"选择图像"对话框中选择合适的贴图,如图 8-127 所示。

图 8-126 创建材质

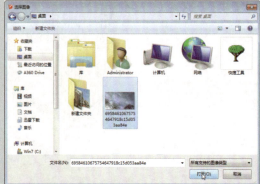
图 8-127 选择贴图

05 效果如图 8-128 所示。

06 将所有门窗模型单独创建群组,并将其嵌套群组全部分解,如图 8-129 所示。

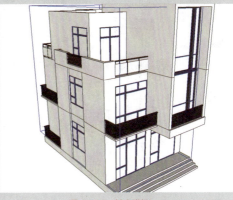

图 8-128 贴图效果　　　　图 8-129 创建群组

07 双击鼠标进入编辑状态,将创建的玻璃材质赋予模型中的玻璃面,如图 8-130 所示。

08 在材质编辑器中重新调整材质贴图的尺寸,如图 8-131 所示。

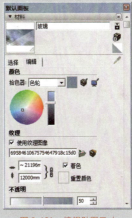

图 8-130 赋予玻璃材质　　　　图 8-131 编辑贴图尺寸

09 效果如图 8-132 所示。

10 在材质编辑器中选择"半透明安全玻璃"材质,设置材质颜色及不透明度,如图 8-133 所示。

11 将材质赋予阳台栏杆上的玻璃,效果如图 8-134 所示。

12 在材质中选择"灰色"材质,赋予部分墙体的面,如图 8-135 所示。

图 8-132 调整后的玻璃效果

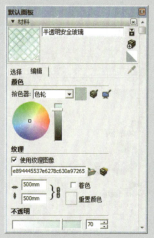
图 8-133 选择并设置玻璃材质

图 8-134 赋予玻璃材质

图 8-135 赋予灰色材质

8.2.4 完善别墅区环境

别墅模型制作完毕后,就可以进行别墅群以及周边环境的创建了,操作步骤如下。

01 将别墅模型创建群组,向一侧复制,如图 8-136 所示。

02 选择"视图"|"坐标轴"命令,打开坐标轴显示,可以看到建筑沿红色轴线分布,如图 8-137 所示。

图 8-136 复制模型

图 8-137 打开坐标轴

03 选择一侧模型,单击鼠标右键,在弹出的快捷菜单中选择"翻转方向"|"组的红轴"命令,如图 8-138 所示。

图 8-138 右键菜单

04 将模型镜像,移动并对齐模型,如图 8-139 所示。

图 8-139 镜像并对齐模型

05 观察模型,对不合理的墙体区域进行微调,如图 8-140 所示。

图 8-140 微调模型

06 复制草皮模型,并调整造型使其成为一个整体,如图 8-141 所示。

图 8-141　复制并调整草皮模型

07 将创建的别墅模型复制到草皮上,调整位置,如图 8-142 所示。

图 8-142　复制别墅模型

08 添加灌木、树木等模型,复制并进行合理布置,如图 8-143 所示。

图 8-143　添加树木模型

09 继续复制模型,如图 8-144 所示。

10 为场景添加汽车、人物模型,放置到合适的位置,完成小区整体环境的制作,如图 8-145 所示。

图 8-144 复制模型

图 8-145 添加模型

8.3 场景效果的制作

最后就是要美化场景效果,操作步骤如下。

01 选择"窗口"|"默认面板"|"风格"命令,打开"风格"设置面板,在"背景设置"面板中选中"地面"复选框,设置地面颜色为深灰色,调整视窗,如图 8-146 所示。

图 8-146 设置地面颜色

02 在"风格"设置面板中,切换到"水印设置"面板,单击"添加水印"按钮 ⊕,选择合适的图片作为水印,在打开的"创建水印"对话框中选中"背景"单选按钮,如图 8-147 所示。

图 8-147 添加水印

03 单击"下一步"按钮,设置水印在屏幕中的位置,如图 8-148 示。

图 8-148 设置水印位置

04 单击"完成"按钮,完成背景水印的添加,创建"场景 1",如图 8-149 所示。

图 8-149 完成水印的添加

05 打开"阴影"设置面板,开启阴影效果,如图 8-150 所示。

制作住宅小区场景

图 8-150　开启阴影效果

06 调整月份至 9 月 10 日，设置光线亮值为 100，暗值为 50，如图 8-151 所示。

图 8-151　场景 1 效果

07 切换到另一个视窗，添加人物、汽车模型，并创建场景，如 8-152 所示。

图 8-152　场景 2 效果

参考文献

[1] 沈真波，薛志红，王丽芳. After Effects CS6 影视后期制作标准教程 [M]. 北京：人民邮电出版社，2016.

[2] 潘强，何佳. Premiere Pro CC 影视编辑标准教程 [M]. 北京：人民邮电出版社，2016.

[3] 姜洪侠，张楠楠. Photoshop CC 图形图像处理标准教程 [M]. 北京：人民邮电出版社 2016.